Der v. Orel-Zeissische Stereoautograph und neue Vorschläge für seine weitere Ausgestaltung.

Von der

Technischen Hochschule zu Hannover

zur

Erlangung der Würde eines Doktor-Ingenieurs

genehmigte

DISSERTATION.

Vorgelegt von

Willy Sander
Diplom-Ingenieur.

Einlieferung der Arbeit: 30. Mai 1918.
Mündliche Prüfung: 24. Juli 1918.

ISBN 978-3-662-24289-6 ISBN 978-3-662-26403-4 (eBook)
DOI 10.1007/978-3-662-26403-4

Referent: Geheimer Regierungsrat Professor Dr. K. Oertel.

Korreferent: Geheimer Baurat Professor W. Schleyer.

1921.
Springer-Verlag Berlin Heidelberg GmbH

Vorwort.

Ein wesentlicher Teil der vorliegenden Arbeit ist während meiner beruflichen Tätigkeit in der Patentabteilung der Firma Carl Zeiss, Jena, entstanden. Ich sage der Firma für die Erlaubnis, diese Ausarbeitungen verwerten zu dürfen, meinen besten Dank.

Herrn Dr. v. Gruber, München, danke ich für die Ermächtigung, den Inhalt einer von ihm verfaßten Abhandlung, die meine Untersuchungen in wertvoller Weise ergänzt, hiermit zur Veröffentlichung zu bringen.

Jena, den 2. Mai 1918.

Der Verfasser.

Inhaltsverzeichnis.

Seite

Einleitung: Abriß der Entwicklung des automatischen Auftragverfahrens 1

Ermittlung der Beziehungen, die zwischen den Raumkoordinaten eines Objektpunktes und den Plattenkoordinaten der Bilder dieses Objektpunktes bestehen 4

A. Die Hauptgleichungen des allgemeinen Falles 4

B. Die Hauptgleichungen der Sonderfälle 9

a) Der Normalfall 9

b) Der erweiterte Normalfall 9

c) Der Fall gleichmäßig verschwenkter Objektivachsen 10

d) Der Fall konvergenter (divergenter) Objektivachsen 10

Der Stereokomparator nach Prof. Dr. Pulfrich 11

Der Stereoautograph 12

I. Der Stereoautograph zur Auswertung von Bildplatten, die mit Objektiven von horizontaler Achsenrichtung gewonnen sind 12

A. Handantrieb des Vertikalparallaxenschlittens *D* 17

a) Ausführungsform *A* für den erweiterten Normalfall 17

b) Ausführungsform *B* für den Fall gleichmäßig verschwenkter Objektivachsen. 20

c) Ausführungsform *C* für den Fall konvergenter (divergenter) Objektivachsen . 21

B. Selbsttätiger Antrieb des Vertikalparallaxenschlittens *D* 23

Ausführungsform *D* für den Fall konvergenter (divergenter) Objektivachsen . 23

II. Der Stereoautograph zur Auswertung von Bildplatten, die mit Objektiven von nicht horizontaler und beliebiger gegenseitiger Achsenrichtung gewonnen sind . . 33

A. Handantrieb des Vertikalparallaxenschlittens *D* 33

a) Ausführungsform *E* (Lösung 1) 34

b) Ausführungsform *F* (Lösung 2) 39

c) Entwicklung weiterer Lösungen 43

d) Ausführungsform *G* (Lösung 3) 46

e) Ausführungsform *H* (Lösung 4) 51

B. Selbsttätiger Antrieb des Vertikalparallaxenschlittens *D* 55

a) Ausführungsform *J* (Lösung 1) 56

b) Ausführungsform *K* (Lösung 2) 65

C. Lösung von Dr. v. Gruber, mit Handantrieb des Vertikalparallaxenschlittens *D*. 70

a) Abbildung eines Objektes auf eine gegen die Lotrechte geneigte Bildplatte . 70

b) Abbildung eines Objektes auf zwei gegen die Lotrechte unter beliebigen Winkeln geneigte Bildplatten 72

c) Ausführungsform *L* 79

Schlußbemerkungen 84

Verzeichnis der benutzten Schriften 85

Sonder-Abdruck

aus der

„Zeitschrift für Instrumentenkunde". 41. S. 1—27. 1921.

Verlag von Julius Springer, Berlin W.

Der v. Orel-Zeissische Stereoautograph und neue Vorschläge für seine weitere Ausgestaltung[1]).

Von

Dr. Ing. **Willy Sander.**

(Mitteilung aus der optischen Anstalt von Carl Zeiss, Jena.)

Einleitung.

Die Stereophotogrammetrie hat sich aus der Photogrammetrie entwickelt, nachdem das stereoskopische Meßverfahren Eingang in die Praxis gefunden hatte, um dessen Ausbildung sich das Zeißwerk in Jena, und insbesondere dessen wissenschaftlicher Mitarbeiter Prof. Dr. Pulfrich, verdient gemacht hat. Wenn auch schon ältere Vorschläge stereoskopischer Meßapparate zu finden sind[2]), so können doch der nach der Idee von De Grousilliers im Zeisswerk gebaute stereoskopische Entfernungsmesser[3]), der 1899 der Öffentlichkeit übergeben worden ist, und der im Anschluß daran von C. Pulfrich erfundene Stereokomparator[4]), der 1901 fertiggestellt wurde, als die ersten praktischen stereoskopischen Meßinstrumente bezeichnet werden.

Der erste Versuch zur praktischen Erprobung der Stereophotogrammetrie für die Zwecke der Topographie ist 1903 in Jena von C. Pulfrich in Gemeinschaft mit dem Generalmajor Schulze, Chef der topographischen Abteilung der Preußischen Landesaufnahme, und dem Topographen Seliger gemacht worden. Über die Ergebnisse dieses Versuches liegt ein Bericht von C. Pulfrich vor[5]). 1904 hat dann der k. u. k. Oberst Freiherr v. Hübl, vom k. u. k. Militärgeographischen Institut in Wien, den Stereokomparator für die Zwecke der österreichischen Landesaufnahme nutzbar gemacht. Auf seine Veranlassung wurden in Tirol stereophotogrammetrische Aufnahmen gemacht, die dann dem Zeisswerk zur Erprobung des Stereokomparators zur Verfügung gestellt wurden. Über die ersten Ergebnisse des neuen Aufnahme-

---

[1]) Am 30. Mai 1918 bei der Technischen Hochschule in Hannover als Doktordissertation eingereicht.

[2]) v. Rohr, M., „Die binokularen Instrumente", *Berlin, 1907, S. 134 bis 136, 139, 158 bis 161, 179 bis 184.*

Pulfrich, C., „Neue stereoskopische Methoden und Apparate", *Berlin, 1912, S. 7 bis 11.*

[3]) Pulfrich, C., „Über den von der Firma Carl Zeiss in Jena hergestellten stereoskopischen Entfernungsmesser", *Physikal. Zeitschr. 1. S. 98. 1899.*

[4]) Zuerst bekannt gemacht auf der Naturforscherversammlung in Hamburg am 23. September 1901.

[5]) Pulfrich, C., „Über einen Versuch zur praktischen Erprobung der Stereophotogrammetrie für die Zwecke der Topographie", *diese Zeitschr. 23. S. 317. 1903.*

und Meßverfahrens liegt ein Bericht[1]) des Frh. v. Hübl vor. Frh. v. Hübl hat dafür gesorgt, daß in Österreich die Methode der Stereophotogrammetrie stetig zunehmende Verwendung gefunden hat, worauf es zurückzuführen ist, daß das k. und k. Militärgeographische Institut auf diesem Gebiet bahnbrechend geworden ist und daß mannigfache Verbesserungsvorschläge von ihm ausgehen.

Je mehr man nach der neuen Methode arbeitete, desto störender wurde das Mißverhältnis zwischen der Feldarbeit und der Zimmerarbeit empfunden. Man hatte zwar gute Aufnahmeapparate zur Verfügung, mittels deren man ein großes Terrain in kurzer Zeit aufnehmen konnte, aber die Kartierung erforderte, trotzdem die von C. Pulfrich angegebene Zeichenvorrichtung[2]) als ein gutes Hilfsmittel zur Verfügung stand, einen erheblichen Zeitaufwand, da Punkt für Punkt der Schichtenlinienpläne mühsam aufgetragen werden mußte. Als eine ganz ansehnliche Leistung galt schon die Auftragung von 25 bis 30 Punkten in der Stunde. Es ist daher nicht verwunderlich, daß der Wunsch nach neuen, bequemeren Auftragmethoden rege wurde.

Von dem Devilleschen Vorschlag[3]) abgesehen, erkannte man bald, daß eine wesentliche Verbesserung nur durch eine zwangläufige Verbindung des Stereokomparators mit einer Zeichenvorrichtung erzielt werden konnte, dergestalt, daß die Schlittenbewegungen des Stereokomparators die Bewegungen des Zeichenstiftes so beeinflussen, daß die Beziehungen aufrechterhalten werden, die zwischen den Raumkoordinaten der Objektpunkte und den Plattenkoordinaten der Objektpunktbilder bestehen. Da man bei der Aufnahme noch lediglich nach dem sogenannten Normalfall arbeitete, d. h. die Aufnahmeapparate so zur Standlinie aufstellte, daß die Bildplatten in einer der Standlinie parallelen Lotebene lagen, so war die Aufgabe eigentlich keine schwierige. Immerhin hat es geraumer Zeit bedurft, bis eine gute Lösung gefunden wurde.

Den ersten Schritt auf diesem Wege tat der Lehrer der Topographie an der Militär-Ingenieurschule in London, Leutnant V. Thompson, indem er 1907 den sogenannten „Stereoplotter“[4]) ersann. Von der angestrebten befriedigenden Lösung war dieser Apparat noch weit entfernt. Immerhin gelang es, die Auftragleistung auf 100 bis 150 Punkte in der Stunde zu steigern.

Unabhängig von Thompson arbeitete der damalige k. und k. Oberleutnant, jetzige Major v. Orel vom Militärgeographischen Institut in Wien an der Lösung der Aufgabe, und es gelang ihm, einen den Anforderungen des Normalfalles vollauf entsprechenden Apparat zu erfinden, der anfänglich Autostereograph, später Stereoautograph benannt wurde.

Das erste Modell dieses Apparates[5]) wurde nach Angabe des Erfinders 1908 von der Firma Rost in Wien hergestellt. Es erforderte zur Bedienung außer dem

---

[1]) v. Hübl, A., „Die stereophotogrammetrische Terrainaufnahme“, *M. d. k. u. k. M. J., Wien* **23.** *1904.*

[2]) Pulfrich, C., „Über einen Versuch zur praktischen Erprobung der Stereophotogrammetrie für die Zwecke der Topographie“, *Diese Zeitschr.* **23.** *S. 317. 1903.*

[3]) Deville, E., *„On the Use of Wheatstone Stereoscope in Photographing Surveying“, Transactions of the Royal Society of Canada, 1902/03. S. 63.*

[4]) Thompson, V., *„Stereo-Photo-Surveying“, The Geographical Journal. London.* **31.** *S. 534. 1908.* — Dolezal, E., „Stereoplotter des englischen Leutnants V. Thompson“, *J. A. f. Ph.,* **3.** *S. 130. 1912.*

[5]) v. Orel, E., „Der Stereoautograph als Mittel zur automatischen Verwertung von Komparatordaten“, *M. d. k. u. k. M. J.* **30.** *Wien. 1911.*

Beobachter am Stereokomparator noch einen weiteren Gehilfen zum Einstellen des Zeichenstiftes, gestattete also noch kein vollkommen automatisches Planzeichnen. Die weitere Ausarbeitung des Apparates übernahm dann das Zeisswerk. Seinen Mitarbeitern im Verein mit v. Orel ist es zu danken, daß bereits 1909 ein Stereoautograph vorlag, der nur einen einzigen Bedienenden erforderte und dabei gestattete, beliebige Linien des Geländes, insbesondere Höhenschichtenlinien, automatisch aufzuzeichnen. Der Apparat erlaubte eine außerordentliche Steigerung der Auftragarbeit. Es wurde möglich, einen fast lückenlosen Schichtenplan eines Alpengebietes von 20 qkm Ausdehnung im Maßstab 1 : 25 000 in 16 Stunden auszuarbeiten[1]).

Die dem Stereoautographen übertragene Aufgabe wurde bald mehr erweitert. Als man erkannt hatte, daß bei der Aufnahme von ein und derselben Standlinie aus vorteilhaft nicht nur der Normalfall berücksichtigt wird, sondern auch derjenige Fall, in dem die Horizontalprojektionen der Objektivachsen gegen die mit ihnen in ein und derselben Ebene liegende Senkrechte zur Standlinie gleichmäßig nach links oder rechts verschwenkt sind, oder auch der weitere Fall, in dem die Horizontalprojektionen der Objektivachsen gegeneinander konvergent, bzw. divergent sind, verlangte man vom Stereoautographen auch die Auswertung diesen Fällen entsprechender Bildplatten. Dem Zeisswerk gelang die geforderte Weiterausbildung des Apparates; 1913 wurde das erste Modell fertiggestellt[2]).

An die Aufnahme war immer noch die Bedingung geknüpft, daß die Objektivachsen horizontal gerichtet waren. So lange man dabei blieb, Aufnahmen nur von festen Punkten der Erde aus zu machen, konnte man diesen Bedingungen allenfalls Rechnung tragen, wenngleich auch schon bei solchen Aufnahmen häufig Geländeverhältnisse vorlagen, denen man sich nicht restlos anpassen konnte. In letzter Zeit hat es sich aber immer mehr als wünschenswert herausgestellt, Aufnahmen von Luftfahrzeugen aus zu machen. In diesem Falle empfiehlt es sich, den Objektivachsen eine Neigung gegen die Horizontalebene zu erteilen, um so den ausnutzbaren Teil der Platten zu vergrößern.

Mit der Aufgabe der Verwertung solcher Aufnahmen haben sich insbesondere der k. u. k. Hauptmann Th. Scheimpflug und nach dessen Tode der inzwischen ebenfalls verstorbene Ingenieur G. Kammerer, Wien, beschäftigt. Sie fußten dabei auf der Methode, die Bildplatten mittels eines sogenannten Perspektographen umzubilden und die erzeugten Umbildungen auf einem geeigneten Auftragapparat auszuarbeiten. In der Literatur ist über einen solchen Auftragapparat nur die Bemerkung zu finden, daß er im Bau ist[3]). Eine Beschreibung liegt noch nicht vor.

---

[1]) Eine verwandte Lösung, die voraussetzt, daß beide Bilder eines Objekts auf ein und derselben Bildplatte aufgenommen sind, ist später von Dr. techn. Zaar angegeben worden. Siehe „Ein photogrammetrischer Auftragapparat“, *I. A. f. Ph.* **4.** *S. 200. 1913/14.* Weitere Auftragapparate nach der Art des Orelschen sind angekündigt von Dr. Ing. L. Günther in einem Vortrag „Die Photogrammetrie im Dienste der Technik“, vgl. die Sitzungsberichte des Vereins zur Beförderung des Gewerbfleißes, *Jahrgang 1913, S. 95, Berlin,* und von dem k. u. k. Oberstleutnant Truck, vgl. „Die Bedeutung und Anwendung der Stereophotogrammetrie als Vermessungsmethode in der Ingenieurpraxis“, *J. A. f. Ph.* **4.** *S. 93. 1913/14.*

[2]) Mit der weiteren Ausbildung des Stereoautographen hat sich auch Prof. K. Fuchs in Preßburg beschäftigt. Siehe *„Bemerkungen zum Orelschen Stereoautographen“ J. A. f. Ph.* **3.** *S. 184. 1912.*

[3]) Kammerer, G., „Th. Scheimpflugs Landvermessung aus der Luft“, *J. A. f. Ph.* **3.** *S. 196. 1912.*

Verfasser hat sich 1913 mit dieser Aufgabe beschäftigt. In einer unveröffentlichten Abhandlung vom 29. November 1913 hat er die Beziehungen abgeleitet, die im Falle einer stereophotogrammetrischen Aufnahme mit beliebig in den Raum gerichteten Objektivachsen zwischen den Raumkoordinaten eines Objektpunktes und den Plattenkoordinaten entsprechender Objektpunktbilder bestehen, und hat im Anschluß daran einen Apparat angegeben, der auf einer weiteren Ausgestaltung des Stereoautographen beruht und zur Auswertung derartiger Aufnahmen geeignet ist, sofern die Neigung der Objektivachsen gegen die Horizontalebene etwa 30^0 nicht überschreitet (und sofern natürlich ein stereoskopischer Effekt überhaupt vorhanden ist)[1]). Ein zweiter Vorschlag, der ebenfalls auf einer Weiterentwicklung des Stereoautographen beruht, stammt von dem früheren Mitarbeiter der Firma Stereographik, Wien, Dr. v. Gruber, und ist in einer unveröffentlichten Arbeit desselben vom 20. Mai 1915 enthalten[2]). Weitere Lösungen hat Verfasser 1917 ausgearbeitet. Alle diese Lösungen sollen in der vorliegenden Abhandlung an Hand schematischer Zeichnungen besprochen werden, wobei, soweit es tunlich erscheint, auch auf die bereits vorliegenden Modelle des Stereoautographen eingegangen werden soll. Bei der Besprechung der v. Gruberschen Lösung ist in einzelnen Punkten eine von der v. Gruberschen abweichende Darstellung gewählt, auch sind Ergänzungen eingefügt, um den Zusammenhang mit den Lösungen des Verfassers klarzustellen.

Ermittlung der Beziehungen, die zwischen den Raumkoordinaten eines Objektpunktes und den Plattenkoordinaten der Bilder dieses Objektpunktes bestehen.

A. Die Hauptgleichungen des allgemeinen Falles.

In Fig. 1 bis 5 ist schematisch der Strahlengang bei der Abbildung eines Objektpunktes P auf zwei Bildplatten A_l und A_r von beliebiger gegenseitiger Lage dargestellt. Zum Abbilden des Punktes P auf die linke Bildplatte, A_l, dient ein Objektiv O_l mit der Brennweite f_1, zum Abbilden auf die rechte Bildplatte, A_r, ein Objektiv O_r mit der Brennweite f_2.

Es seien folgende Bezeichnungen eingeführt.

b: für die Standlinie, d. i. die Verbindungslinie der optischen Mittelpunkte der beiden Objektive O_l und O_r.

α: für den Neigungswinkel der Horizontalprojektion der linken Objektivachse gegen die in der Horizontalebene liegende Senkrechte zur Standlinie (Verschwenkungswinkel).

β_1: für den Neigungswinkel der linken Objektivachse gegen die Horizontalebene.

β_2; für den Neigungswinkel der rechten Objektivachse gegen die Horizontalebene.

γ: für den Neigungswinkel der Horizontalprojektionen der beiden Objektivachsen gegeneinander.

ε: für den Neigungswinkel der Standlinie gegen die Horizontalebene.

[1]) Diese Lösung des Verfassers ist erstmalig angedeutet in dem Aufsatz v. Orels „Der Stereoautograph Modell 1911", *J. A. f. Ph.* **4.** *1913/14. S. 161.* („Auch die Aufgabe der Verarbeitung beliebig in den Raum gerichteter Hauptachsen ist prinzipiell gelöst . . . ." *S. 163).*

[2]) Herr Dr. v. Gruber hat den Verfasser ermächtigt, den Inhalt dieser Arbeit, die die Untersuchungen des Verfassers in wertvoller Weise ergänzt, in der vorliegenden Abhandlung zur Veröffentlichung zu bringen. Ihm sei dafür auch an dieser Stelle bestens gedankt.

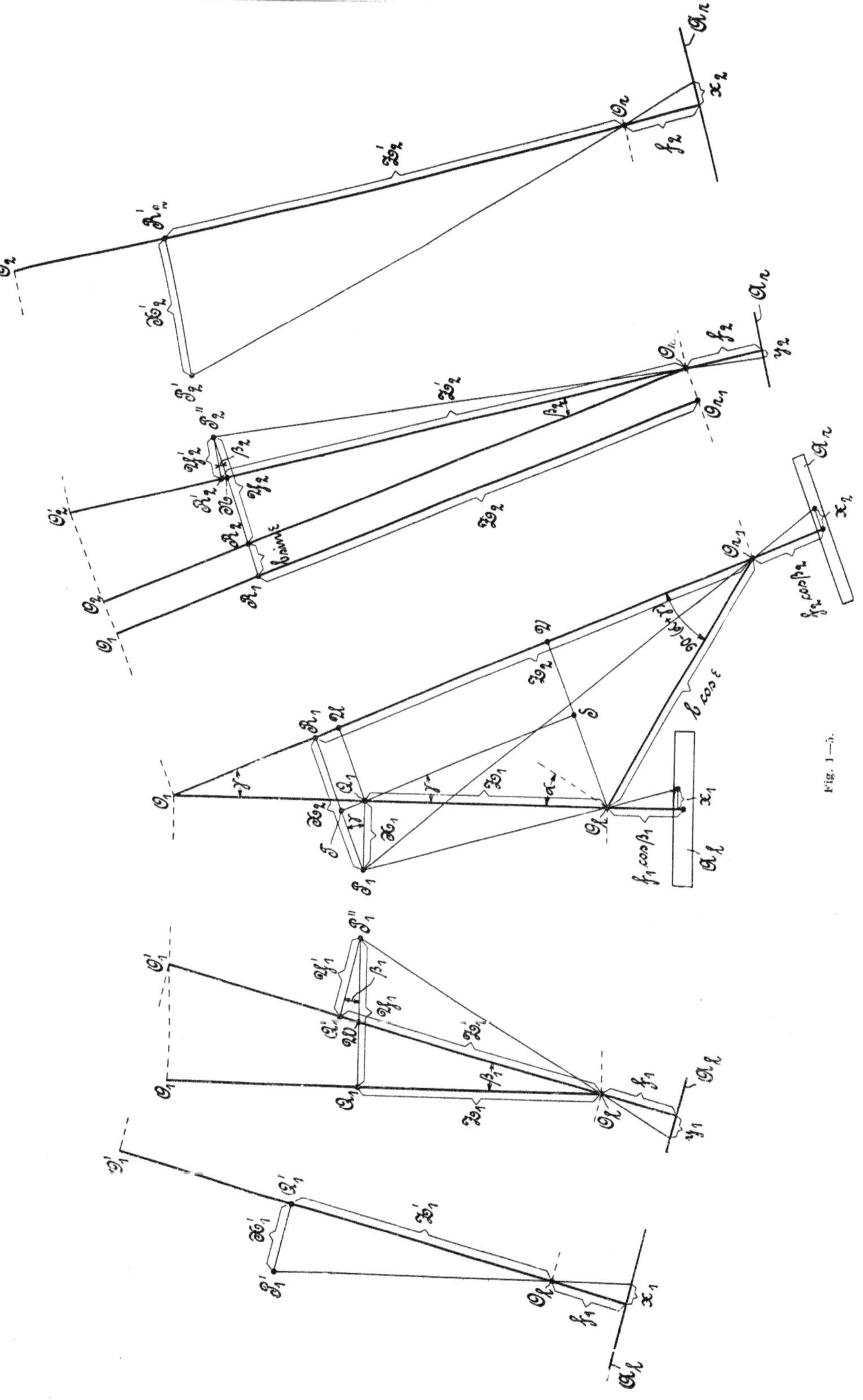

Fig. 1—5.

Dabei gelten die folgenden Vorzeichen:

b ist immer positiv.

α ist positiv bei Linksverschwenkung der Horizontalprojektion der linken Objektivachse gegen die in der Horizontalebene liegende Senkrechte zur Standlinie.

β_1 ist positiv, wenn die linke Objektivachse nach oben geneigt ist.

β_2 ist positiv, wenn die rechte Objektivachse nach oben geneigt ist.

γ ist positiv bei Konvergenz der Horizontalprojektionen der beiden Objektivachsen.

ε ist positiv, wenn die Standlinie vom linken Objektiv, O_l, aus gerechnet nach oben geneigt ist.

Die Raumkoordinaten X_1, Y_1 und Z_1 des Punktes P sollen auf ein System von drei zueinander senkrechten Ebenen bezogen werden, die sich im optischen Mittelpunkt des linken Objektivs, O_l, schneiden und deren eine, die $X_1\,Z_1$-Ebene, die Horizontalebene, deren zweite, die $Y_1\,Z_1$-Ebene, die die linke Objektivachse enthaltende lotrechte Ebene, und deren dritte, die $X_1\,Y_1$-Ebene, die zu den beiden anderen Ebenen senkrechte Ebene ist (vgl. Fig. 6).

Dabei gelten die folgenden Vorzeichen:

X_1 ist links von der $Y_1\,Z_1$-Ebene positiv.
Y_1 ist oberhalb der $X_1\,Z_1$-Ebene positiv.
Z_1 ist vor der $X_1\,Y_1$-Ebene positiv.

Die Koordinaten jedes Objektpunktbildes auf der linken Bildplatte, x_1 und y_1, und auf der rechten Bildplatte, x_2 und y_2, sollen auf ein in der betreffenden Bildplatte liegendes rechtwinkliges Koordinatensystem bezogen werden, das seinen Anfang im Durchstoßpunkt der zugehörigen Objektivachse hat und dessen x-Achse wagerecht liegt, während die y-Achse senkrecht dazu gerichtet ist. Die Vorzeichen sind durch die oben getroffene Wahl der Vorzeichen der Raumkoordinaten bestimmt.

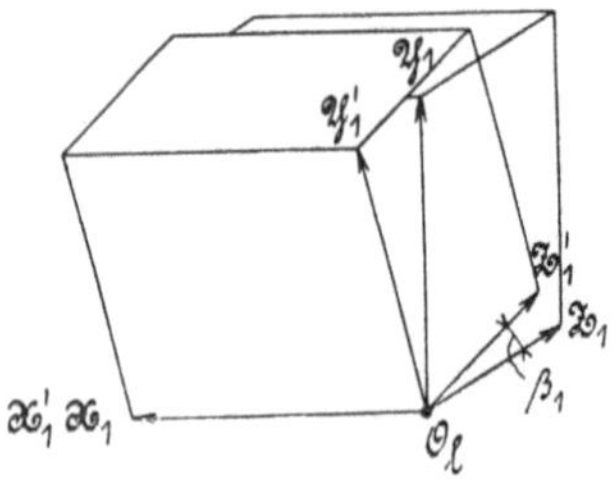

Fig. 6.

Im folgenden sollen die Beziehungen abgeleitet werden, die zwischen den Koordinaten eines Objektpunktes P, bezogen auf dieses räumliche Koordinatensystem, und den Koordinaten der Bilder dieses Objektpunktes, je bezogen auf das zugehörige ebene Koordinatensystem, bestehen. Um die durchzuführende Rechnung leichter verständlich zu machen, sollen drei weitere rechtwinklige, räumliche Koordinatensysteme eingeführt werden.

Das eine dieser Systeme, bezüglich dessen die Koordinaten des Punktes P mit X_1', Y_1' und Z_1' bezeichnet werden, mögen, erhält als Koordinatenanfang wie das oben erwähnte räumliche System den optischen Mittelpunkt des linken Objektivs, O_l. Die Lage seiner Ebenen wird wie folgt festgesetzt (vgl. Fig. 6): Die die linke Objektivachse enthaltende, unter dem Winkel β_1 gegen die $X_1\,Z_1$-Ebene (Horizontalebene) geneigte Ebene wird die $X_1'\,Z_1'$-Ebene, die die linke Objektivachse enthaltende lotrechte Ebene wird die $Y_1'\,Z_1'$-Ebene (die also mit der $Y_1\,Z_1$-Ebene zusammenfällt), und die zu diesen beiden Ebenen senkrechte Ebene wird die $X_1'\,Y_1'$-Ebene.

Die anderen beiden räumlichen Koordinatensysteme erhalten als Koordinatenanfang den optischen Mittelpunkt des rechten Objektivs, O_r, und werden im übrigen analog den bisher definierten beiden räumlichen Systemen gewählt (vgl. Fig. 7).

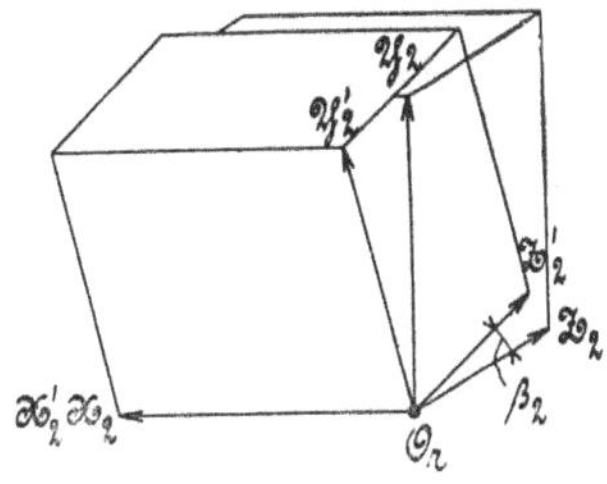

Fig. 7.

Demgemäß ist bei dem X_2, Y_2, Z_2-System die $X_2\,Z_2$-Ebene die Horizontalebene, die $Y_2\,Z_2$-Ebene die die rechte Objektivachse enthaltende lotrechte Ebene und die $X_2\,Y_2$-Ebene die zu diesen beiden Ebenen senkrechte Ebene, während bei dem X_2', Y_2', Z_2'-System die $X_2'\,Z_2'$-Ebene die gegen die $X_2\,Z_2$-Ebene (die Horizontalebene) unter dem Winkel β_2 geneigte Ebene, die $Y_2'\,Z_2'$-Ebene, wie die $Y_2\,Z_2$-Ebene, die die rechte Objektivachse enthaltende lotrechte Ebene und die $X_2'\,Y_2'$-Ebene die zu diesen beiden Ebenen senkrechte Ebene ist.

In Fig. 1 ist der Strahlengang bei der Abbildung des Punktes P auf beide Bildplatten in einer Projektion in die $X_1\,Z_1$-Ebene dargestellt. Fig. 2 und 3 zeigen den Strahlengang bei der Abbildung des Punktes auf die linke Bildplatte, A_l, in einer Projektion in die $Y_1\,Z_1\,(Y_1'\,Z_1')$-Ebene, bzw. in die $X_1'\,Z_1'$-Ebene. Fig. 4 und 5 endlich veranschaulichen den Strahlengang bei der Abbildung des Punktes auf die rechte Bildplatte, A_r, in einer Projektion in die $Y_2\,Z_2\,(Y_2'\,Z_2')$-Ebene, bzw. in die $X_2'\,Z_2'$-Ebene. Dabei ist die gegenseitige Anordnung der Objektive so gewählt, daß die Winkel α, β_1, β_2, γ und ε sämtlich positiv sind, und ist ferner der abzubildende Punkt P so im Raume liegend angenommen, daß seine Koordinaten X_1, Y_1 und Z_1 sämtlich positiv sind.

Mit den in die Figuren eingeschriebenen Bezeichnungen folgt dann aus Fig. 1 bis 3

$$\frac{x_1}{f_1} = \frac{X_1'}{Z_1'} \qquad 1)$$

$$\frac{y_1}{f_1} = \frac{Y_1'}{Z_1'} \qquad 2)$$

$$X_1' = X_1 \qquad 3)$$

$$Y_1' = \overline{W P_1''} \cos \beta_1 = (Y_1 - Z_1 \operatorname{tg} \beta_1) \cos \beta_1$$

$$Y_1' = Y_1 \cos \beta_1 - Z_1 \sin \beta_1 \qquad 4)$$

$$Z_1' = \overline{O_l W} + \overline{W Q_1'} = \frac{Z_1}{\cos \beta_1} + (Y_1 - Z_1 \operatorname{tg} \beta_1) \sin \beta_1$$

$$Z_1' = Y_1 \sin \beta_1 + Z_1 \cos \beta_1 \qquad 5)$$

Durch Einsetzen von 3) und 5) in 1) und von 4) und 5) in 2) ergibt sich

$$\frac{x_1}{f_1} = \frac{X_1}{Y_1 \sin \beta_1 + Z_1 \cos \beta_1} \qquad 6)$$

$$\frac{y_1}{f_1} = \frac{Y_1 \cos \beta_1 - Z_1 \sin \beta_1}{Y_1 \sin \beta_1 + Z_1 \cos \beta_1} \qquad 7)$$

Aus Fig. 1 folgt

$$X_2 = \overline{P_1 T} + \overline{T R_1} = \overline{P_1 T} + \overline{O_l V} - \overline{O_l S}$$

$$X_2 = X_1 \cos \gamma + b \cos \varepsilon \cos (\alpha + \gamma) - Z_1 \sin \gamma \qquad 8)$$

$$Z_2 = \overline{R_1 U} + \overline{U V} + \overline{V O_{r1}} = \overline{T Q_1} + \overline{Q_1 S} + \overline{V O_{r1}}$$

$$Z_2 = X_1 \sin \gamma + Z_1 \cos \gamma + b \cos \varepsilon \sin (\alpha + \gamma) \qquad 9)$$

Aus Fig. 4 und 5 folgt

$$\frac{x_2}{f_2} = \frac{X_2'}{Z_2'} \qquad 10)$$

$$\frac{y_2}{f_2} = \frac{Y_2'}{Z_2'} \qquad 11)$$

$$X_2' = X_2 \qquad 12)$$

$$Y_2' = \overline{N P_2''} \cos \beta_2 = (Y_2 - Z_2 \operatorname{tg} \beta_2) \cos \beta_2$$

$$Y_2' = Y_2 \cos \beta_2 - Z_2 \sin \beta_2 \qquad 13)$$

$$Z_2' = \overline{O_r N} + \overline{N R_2'} = \frac{Z_2}{\cos \beta_2} + (Y_2 - Z_2 \operatorname{tg} \beta_2) \sin \beta_2 .$$

$$Z_2' = Y_2 \sin \beta_2 + Z_2 \cos \beta_2 \qquad 14)$$

Durch Einsetzen von 12) und 14) in 10) und von 13) und 14) in 11) ergibt sich

$$\frac{x_2}{f_2} = \frac{X_2'}{Y_2 \sin \beta_2 + Z_2 \cos \beta_2} \qquad 15)$$

$$\frac{y_2}{f_2} = \frac{Y_2 \cos \beta_2 - Z_2 \sin \beta_2}{Y_2 \sin \beta_2 + Z_2 \cos \beta_2} \qquad 16)$$

Durch Einsetzen von 8) und 9) in 15) und 16), mit

$$Y_2 = Y_1 - b \sin \varepsilon \qquad 17)$$

ergibt sich

$$\frac{x_2}{f_2} = \frac{X_1 \cos \gamma - Z_1 \sin \gamma + b \cos \varepsilon \cos (\alpha + \gamma)}{X_1 \cos \beta_2 \sin \gamma + Y_1 \sin \beta_2 + Z_1 \cos \beta_2 \cos \gamma + b \left[\cos \beta_2 \cos \varepsilon \sin (\alpha + \gamma) - \sin \beta_2 \sin \varepsilon\right]} \qquad 18)$$

$$\frac{y_2}{f_2} = \frac{-X_1 \sin \beta_2 \sin \gamma + Y_1 \cos \beta_2 - Z_1 \sin \beta_2 \cos \gamma - b \left[\sin \beta_2 \cos \varepsilon \sin (\alpha + \gamma) + \cos \beta_2 \sin \varepsilon\right]}{X_1 \cos \beta_2 \sin \gamma + Y_1 \sin \beta_2 + Z_1 \cos \beta_2 \cos \gamma + b \left[\cos \beta_2 \cos \varepsilon \sin (\alpha + \gamma) - \sin \beta_2 \sin \varepsilon\right]} \qquad 19)$$

Im folgenden soll stets vorausgesetzt werden, daß die Gleichung besteht

$$f_1 = f_2 = f \qquad 20)$$

was praktisch immer der Fall ist, da man die Abbildung auf beide Bildplatten durch denselben Aufnahmeapparat zu erzeugen pflegt. Mit 20) gehen die Gleichungen 6), 7), 18) und 19) über in

$$\frac{x_1}{f} = \frac{X_1}{Y_1 \sin \beta_1 + Z_1 \cos \beta_1} \qquad \mathrm{I})$$

$$\frac{y_1}{f} = \frac{Y_1 \cos \beta_1 - Z_1 \sin \beta_1}{Y_1 \sin \beta_1 + Z_1 \cos \beta_1} \qquad \mathrm{II})$$

$$\frac{x_2}{f} = \frac{X_1 \cos \gamma - Z_1 \sin \gamma + b \cos \varepsilon \cos (\alpha + \gamma)}{X_1 \cos \beta_2 \sin \gamma + Y_1 \sin \beta_2 + Z_1 \cos \beta_2 \cos \gamma + b \left[\cos \beta_2 \cos \varepsilon \sin (\alpha + \gamma) - \sin \beta_2 \sin \varepsilon\right]} \qquad \mathrm{III})$$

$$\frac{y_2}{f} = \frac{-X_1 \sin \beta_2 \sin \gamma + Y_1 \cos \beta_2 - Z_1 \sin \beta_2 \cos \gamma - b \left[\sin \beta_2 \cos \varepsilon \sin (\alpha + \gamma) + \cos \beta_2 \sin \varepsilon\right]}{X_1 \cos \beta_2 \sin \gamma + Y_1 \sin \beta_2 + Z_1 \cos \beta_2 \cos \gamma + b \left[\cos \beta_2 \cos \varepsilon \sin (\alpha + \gamma) - \sin \beta_2 \sin \varepsilon\right]} \qquad \mathrm{IV})$$

und aus diesen vier Gleichungen ergeben sich durch Auflösung nach X_1, Y_1 und Z_1 die Gleichungen

$$X_1 = Z_1 \frac{x_1}{f \cos \beta_1 - y_1 \sin \beta_1} \qquad \mathrm{V})$$

$$Y_1 = Z_1 \frac{f \sin \beta_1 + y_1 \cos \beta_1}{f \cos \beta_1 - y_1 \sin \beta_1} \qquad \mathrm{VI})$$

$$Z_1 = \frac{b \left\{ \begin{array}{l} -y_1 f \sin \beta_1 \cos \varepsilon \cos (\alpha + \gamma) + x_2 f \cos \beta_1 \left[\sin \beta_2 \sin \varepsilon - \cos \beta_2 \cos \varepsilon \sin (\alpha + \gamma)\right] + \\ y_1 x_2 \sin \beta_1 \left[\cos \beta_2 \cos \varepsilon \sin (\alpha + \gamma) - \sin \beta_2 \sin \varepsilon\right] + f^2 \cos \beta_1 \cos \varepsilon \cos (\alpha + \gamma) \end{array} \right\}}{\begin{array}{l} -x_1 f \cos \gamma - y_1 f \sin \beta_1 \sin \gamma + x_2 f (\cos \beta_1 \cos \beta_2 \cos \gamma + \sin \beta_1 \sin \beta_2) + \\ x_1 x_2 \cos \beta_2 \sin \gamma - y_1 x_2 (\sin \beta_1 \cos \beta_2 \cos \gamma - \cos \beta_1 \sin \beta_2) + f^2 \cos \beta_1 \sin \gamma \end{array}} \qquad \mathrm{VII})$$

Die Gleichungen I bis VII geben die gesuchten Beziehungen für den allgemeinsten Fall an, der bei der Abbildung eines Punktes überhaupt vorliegen kann, wobei also α, β_1, β_2, γ und ε innerhalb der zulässigen Grenzen liegende, reelle Werte besitzen.

Die Gleichungen I bis VI sollen deshalb als die Hauptgleichungen für den Fall beliebig gerichteter Objektivachsen bezeichnet werden. Aus ihnen lassen sich mühelos die entsprechenden Hauptgleichungen der folgenden Sonderfälle ableiten.

B. Die Hauptgleichungen der Sonderfälle.

a) Der Normalfall.

$$\alpha = 0, \ \beta_1 = 0, \ \beta_2 = 0, \ \gamma = 0, \ \varepsilon = 0$$

Die Objektivachsen liegen mit der Standlinie in ein und derselben Horizontalebene und sind senkrecht zur Standlinie gerichtet.

$$\frac{x_1}{f} = \frac{X_1}{Z_1} \qquad \text{Ia)}$$

$$\frac{y_1}{f} = \frac{Y_1}{Z_1} \qquad \text{IIa)}$$

$$\frac{x_2}{f} = \frac{X_1 + b}{Z_1} \qquad \text{IIIa)}$$

$$\frac{y_2}{f} = \frac{Y_1}{Z_1} \qquad \text{IVa)}$$

$$X_1 = Z_1 \frac{x_1}{f} \qquad \text{Va)}$$

$$Y_1 = Z_1 \frac{y_1}{f} \qquad \text{VIa)}$$

$$Z_1 = \frac{b f}{x_2 - x_1} \qquad \text{VIIa)}$$

Die Differenz $x_2 - x_1$ wird als die stereoskopische Horizontalparallaxe bezeichnet. Die analog als die stereoskopische Vertikalparallaxe bezeichnete Differenz $y_2 - y_1$ hat in diesem Fall den Wert Null.

Praktischen Wert hat dieser allerspeziellste Fall nicht, da sich die Bedingung $\varepsilon = 0$ im allgemeinen nicht einhalten läßt.

b) Der erweiterte Normalfall.

$$\alpha = 0, \ \beta_1 = 0, \ \beta_2 = 0, \ \gamma = 0, \ \varepsilon \lesseqgtr 0.$$

Die Standlinie ist gegen die Horizontalebene um den Winkel ε geneigt. Die Objektivachsen sind wagerecht und senkrecht zur Horizontalprojektion der Standlinie gerichtet.

$$\frac{x_1}{f} = \frac{X_1}{Z_1} \qquad \text{Ib)}$$

$$\frac{y_1}{f} = \frac{Y_1}{Z_1} \qquad \text{IIb)}$$

$$\frac{x_2}{f} = \frac{X_1 + b \cos \varepsilon}{Z_1} \qquad \text{IIIb)}$$

$$\frac{y_2}{f} = \frac{Y_1 - b \sin \varepsilon}{Z_1} \qquad \text{IVb)}$$

$$X_1 = Z_1 \frac{x_1}{f} \qquad \text{Vb)}$$

$$Y_1 = Z_1 \frac{y_1}{f} \qquad \text{VIb)}$$

$$Z_1 = \frac{b\, f \cos \varepsilon}{x_2 - x_1} \qquad \text{VIIb)}$$

Die Vertikalparallaxe $y_2 - y_1$ hat in diesem Fall — wie immer, wenn eine Abweichung von dem Normalfall vorliegt — einen von Null abweichenden Wert.

c) Der Fall gleichmäßig verschwenkter Objektivachsen.

$$\alpha \lesseqgtr 0,\ \beta_1 = 0,\ \beta_2 = 0,\ \gamma = 0,\ \varepsilon \lesseqgtr 0.$$

Die Standlinie ist gegen die Horizontalebene um den Winkel ε geneigt. Die Objektivachsen sind wagerecht und einander parallel, und jede von ihnen ist gegen die mit ihr in ein und derselben Horizontalebene liegende Senkrechte zur Standlinie um den Winkel α verschwenkt.

$$\frac{x_1}{f} = \frac{X_1}{Z_1} \qquad \text{Ic)}$$

$$\frac{y_1}{f} = \frac{Y_1}{Z_1} \qquad \text{IIc)}$$

$$\frac{x_2}{f} = \frac{X_1 + b \cos \alpha \cos \varepsilon}{Z_1 + b \sin \alpha \cos \varepsilon} \qquad \text{IIIc)}$$

$$\frac{y_2}{f} = \frac{Y_1 - b \sin \varepsilon}{Z_1 + b \sin \alpha \cos \varepsilon} \qquad \text{IVc)}$$

$$X_1 = Z_1 \frac{x_1}{f} \qquad \text{Vc)}$$

$$Y_1 = Z_1 \frac{y_1}{f} \qquad \text{VIc)}$$

$$Z_1 = \frac{b(f \cos \alpha - x_2 \sin \alpha) \cos \varepsilon}{x_2 - x_1} \qquad \text{VIIc)}$$

d) Der Fall konvergenter (divergenter) Objektivachsen.

$$\alpha \lesseqgtr 0,\ \beta_1 = 0,\ \beta_2 = 0,\ \gamma \lesseqgtr 0,\ \varepsilon \lesseqgtr 0.$$

Die Standlinie ist gegen die Horizontalebene um den Winkel ε geneigt. Die Objektivachsen sind wagerecht, aber nicht parallel zueinander; ihre Horizontalprojektionen schließen den Winkel γ miteinander ein. Die linke Objektivachse ist gegen die mit ihr in ein und derselben Horizontalebene liegende Senkrechte zur Standlinie um den Winkel α verschwenkt.

$$\frac{x_1}{f} = \frac{X_1}{Z_1} \qquad \text{Id)}$$

$$\frac{y_1}{f} = \frac{Y_1}{Z_1} \qquad \text{IId)}$$

$$\frac{x_2}{f} = \frac{X_1 \cos \gamma - Z_1 \sin \gamma + b \cos \varepsilon \cos(\alpha + \gamma)}{X_1 \sin \gamma + Z_1 \cos \gamma + b \cos \varepsilon \sin(\alpha + \gamma)} \qquad \text{IIId)}$$

$$\frac{y_2}{f} = \frac{Y_1 - b \sin \varepsilon}{X_1 \sin \gamma + Z_1 \cos \gamma + b \cos \varepsilon \sin(\alpha + \gamma)} \qquad \text{IVd)}$$

$$X_1 = Z_1 \frac{x_1}{f} \qquad \text{Vd)}$$

$$Y_1 = Z_1 \frac{y_1}{f} \qquad \text{VId)}$$

$$Z_1 = \frac{b\,f\,[f \cos(\alpha + \gamma) - x_2 \sin(\alpha + \gamma)] \cos \varepsilon}{(f^2 + x_1\,x_2) \sin \gamma + f(x_2 - x_1) \cos \gamma}. \qquad \text{VIId)}$$

Der Stereokomparator nach Prof. Dr. Pulfrich.

Der Stereokomparator dient zum Ausmessen der Bildplatten. Er liefert die Plattenkoordinaten der Objektpunktbilder, aus denen sich nach den Hauptgleichungen die Raumkoordinaten der Objektpunkte bestimmen lassen. Der Stereokomparator ist in der Fachliteratur oft und ausführlich beschrieben worden (vgl. z. B. „Neue stereoskopische Methoden und Apparate“ von Dr. C. Pulfrich, Berlin, 1912), es soll deshalb hier nur eine kurze Beschreibung gegeben werden, soweit eine solche zum Verständnis des Folgenden nötig scheint.

In Fig. 8 sind *a* und *b* zwei Bildplatten, die mit der Schichtseite nach unten, entsprechend der natürlichen Lage der Objektbilder (also gegenüber der Lage bei der Aufnahme um 180° in ihrer Ebene verdreht) und im übrigen so angeordnet sind, daß die vom linken Ende der Standlinie aus aufgenommene Platte links, die andere rechts liegt, und daß sowohl die beiden x-Achsen als auch die beiden y-Achsen einander parallel sind. Die Richtung der x-Achsen werde als die Breitenrichtung, die der y-Achsen als die Höhenrichtung der Bildplatten bezeichnet. Zur Beobachtung der Bildplatten dient ein binokulares Mikroskop *M*, das zwei Meßmarken enthält, die ein stereoskopisches Markenbild ergeben. Der Meßvorgang besteht darin, die beiden Bildplatten gegenüber dem Mikroskop in ihrer Breiten- und Höhenrichtung derart zu verschieben, daß das stereoskopische Markenbild mit den stereoskopischen Bildern der Objektpunkte der Reihe nach zur Deckung gebracht wird. Die Verschiebung der Bildplatten gegenüber dem Mikroskop erfolgt durch vier Schlitten *A*, *B*, *C* und *D*.

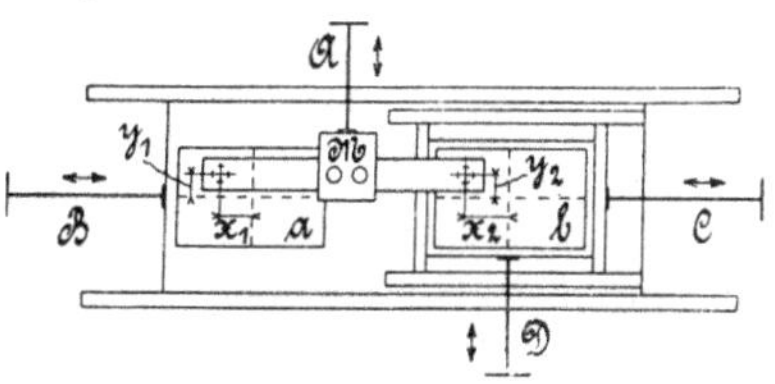

Fig. 8.

Der Schlitten *A* (der Höhenschlitten des Stereokomparators) verschiebt das Mikroskop gegenüber den Bildplatten in deren Höhenrichtung, er verursacht also eine Änderung der gegenseitigen Höhenlage des stereoskopischen Markenbildes und des stereoskopischen Objektbildes. Dieselbe Wirkung tritt ein, wenn der Schlitten *A* statt des Mikroskops die beiden Bildplatten trägt.

Der Schlitten *B* (der Breitenschlitten des Stereokomparators) verschiebt die beiden Bildplatten gegenüber dem Mikroskop in ihrer Breitenrichtung, er ändert somit die gegenseitige Breitenlage des stereoskopischen Markenbildes und des stereoskopischen Objektbildes. Auch dann, wenn der Schlitten *B* statt der Bildplatten das Mikroskop trägt, tritt diese Wirkung ein.

Der Schlitten *C* (der Horizontalparallaxenschlitten des Stereokomparators) verschiebt die rechte Bildplatte gegenüber dem Schlitten *B* in ihrer Breitenrichtung. Er beeinflußt also den gegenseitigen Abstand der beiden Bildplatten in ihrer Breitenrichtung, wodurch die gegenseitige Tiefenlage des stereoskopischen Markenbildes und des stereoskopischen Objektbildes geändert wird.

Der Schlitten D (der Vertikalparallaxenschlitten des Stereokomparators) endlich verschiebt die rechte Bildplatte gegenüber dem Schlitten A in ihrer Höhenrichtung. Er wirkt somit auf den gegenseitigen Abstand der beiden Bildplatten in ihrer Höhenrichtung. Eine solche Verschiebung ist nur erforderlich, um den stereoskopischen Effekt herbeizuführen, bzw. aufrechtzuerhalten.

Außerdem sind Skalen angeordnet zu denken, mittels deren die Verschiebungen der Schlitten A, B und C gemessen werden können. Eine Messung der Verschiebung des Schlittens D ist nicht erforderlich, da, wie aus den Gleichungen V bis VII ersichtlich ist, die Plattenkoordinate y_2 zur Bestimmung der Raumkoordinaten eines Punktes nicht bekannt zu sein braucht.

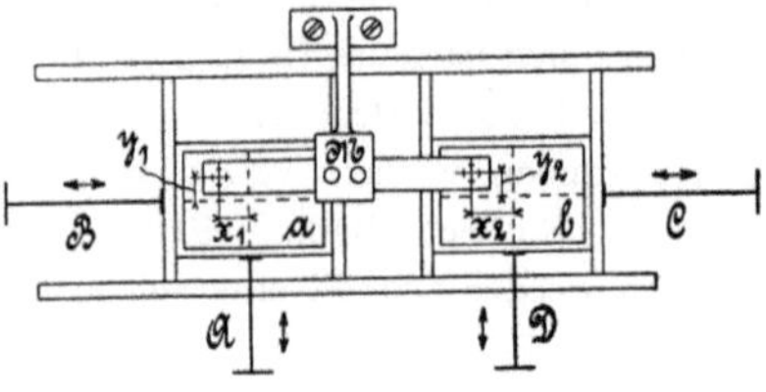

Fig. 9.

Fig. 9 zeigt eine andere Ausführungsform des Stereokomparators, die für den Stereoautographen ebenfalls von Bedeutung ist. Bei dieser Form steht das Mikroskop M fest. Die Schlitten A und B regeln nur die Bewegungen der linken Bildplatte a gegenüber dem Mikroskop, während die Schlitten B und C nur die Bewegungen der rechten Bildplatte b regeln.

Der Stereoautograph.

Der Stereoautograph ist die Verbindung des Pulfrichschen Stereokomparators mit einer Zeichenvorrichtung dergestalt, daß beim Beobachten des aus zwei auf den Stereokomparator aufgelegten Bildplatten zu entnehmenden stereoskopischen Bildes einer Landschaft und des stereoskopischen Markenbildes des Stereokomparators durch nur diejenigen Handhabungen, die erforderlich sind, um einen Punkt der Landschaft mit der stereoskopischen Marke zum Zusammenfallen zu bringen, dem Zeichenstift diejenige Lage zu der Zeichenfläche erteilt wird, die der Horizontalprojektion des Punktes entpricht.

Dabei löst der Stereoautograph die Aufgabe, beliebige Linien der Landschaft, insbesondere Höhenschichtenlinien aufzuzeichnen. Über weitere Aufgaben, die der Stereoautograph bei geeigneter Ausbildung lösen kann, siehe die Patentschrift zum D. R. P. 262499 vom 20. Dezember 1910.

I. Der Stereoautograph zur Auswertung von Bildplatten, die mit Objektiven von horizontaler Achsenrichtung gewonnen sind.

Bei der stereophotogrammetrischen Aufnahme können unter der Voraussetzung horizontaler Objektivachsen die folgenden drei Fälle vorliegen:

1. Der erweiterte Normalfall (dabei angenommen, daß der Normalfall selbst, weil praktisch fast unerfüllbar, ausscheidet).
2. Der Fall gleichmäßig verschwenkter Objektivachsen.
3. Der Fall konvergenter (divergenter) Objektivachsen.

Diesen drei Fällen entsprechen die folgenden drei Ausführungsformen des Stereoautographen:[1])

a) Stereoautograph zur Auswertung von Bildplatten, bei deren Aufnahme der erweiterte Normalfall vorgelegen hat (Ausführungsform A des Stereoautographen).

[1]) Diesen drei Fällen entsprechende Ausführungsformen lagen bei Inangriffnahme der vorliegenden Arbeit bereits vor.

b) Stereoautograph zur Auswertung von Bildplatten, bei deren Aufnahme die Objektivachsen gleichmäßig verschwenkt waren. (Ausführungsform B des Stereoautographen).

c) Stereoautograph zur Auswertung von Bildplatten, bei deren Aufnahme die Objektivachsen konvergent (divergent) waren (Ausführungsform *C* des Stereoautographen).

Von der Ausführungsform *A* soll hier nur diejenige Konstruktion besprochen werden, die schließlich als die vorteilhafteste erkannt worden ist. Bezüglich der vorhergegangenen Entwicklung sei auf die Abhandlung von v. Orel „Der Stereoautograph als Mittel zur automatischen Verwertung von Komparatordaten" in den „Mitteilungen des k. u. k. Militärgeographischen Institutes", **30**, verwiesen. An die erwähnte Konstruktion schließen sich dann die Ausführungsformen *B* und *C* eng an.

Sämtlichen drei Ausführungsformen ist die folgende, als zweckmäßig befundene Anordnung gemeinsam (Fig. 10 bis 12, Tafel I bis III). Der Stereokomparator mit den Schlitten *A*, *B*, *C* und *D* und dem Mikroskop *M* ist mit einem Kreuzschlittensystem gekuppelt, das den Zeichenstift z_1 gegenüber einer auf der Grundplatte *G* fest angeordneten Zeichenfläche z_2 bewegt. Dieses Kreuzschlittensystem enthält als untersten Schlitten den in der Tiefenrichtung (*Z*-Richtung) verschiebbaren Tiefenschlitten (*Z*-Schlitten) C_1, auf dem nebeneinander der den Zeichenstift z_1 tragende Breitenschlitten (*X*-Schlitten) B_1 und der Höhenschlitten (*Y*-Schlitten) A_1 so angeordnet sind, daß die Verschiebungsrichtung beider Schlitten in der Breitenrichtung (*X*-Richtung) liegt. Dabei hat das Kreuzschlittensystem A_1, B_1, C_1 eine solche Lage zum Stereokomparator, daß seine Breitenrichtung (*X*-Richtung) mit der Breitenrichtung (*x*-Richtung) der Bildplatten und seine Tiefenrichtung (*Z*-Richtung) mit der Höhenrichtung (*y*-Richtung) der Bildplatten zusammenfällt. Zum Antrieb des Stereoautographen dient ein Treibsystem, das das Kreuzschlittensystem A_1, B_1, C_1 antreibt. Der Höhenschlitten A_1 wird durch eine Gewindespindel a_1 verschoben, die ihre Bewegung durch ein Kegelrad a_2 und ein längs einer genuteten Welle a_3 verschiebliches, durch einen Mitnehmer a_4 mit dem Tiefenschlitten C_1 gekuppeltes Kegelrad a_5 von dieser Welle a_3 aus empfängt. Die Bewegung der Welle a_3 erfolgt durch ein Kegelräderpaar a_6 und durch weitere unterhalb der Grundplatte *G* angeordnete (in der Zeichnung weggelassene) Antriebsglieder von einer dem linken Fuß des Beobachters zugänglichen Fußscheibe a_7 aus. Der Breitenschlitten B_1 wird durch eine Gewindespindel b_1 verschoben, die ihre Bewegung durch ein Kegelrad b_2 und ein längs einer genuteten Welle b_3 verschiebliches, durch einen Mitnehmer b_4 mit dem Tiefenschitten C_1 gekuppeltes Kegelrad b_5 von dieser Welle b_3 aus empfängt. Die Bewegung der Welle b_3 erfolgt durch ein der rechten Hand des Beobachters zugängliches Handrad b_6, dessen Bewegungen durch einen Kettentrieb b_7 auf diese Welle übertragen werden. Der Tiefenschlitten C_1 wird durch zwei Gewindespindeln c_1 und c_2 verschoben, von denen die linke Spindel c_1 ihre Bewegung durch ein zur linken Seite des Beobachters angeordnetes Handrad c_3 erhält, das durch einen Kettentrieb c_4 mit dieser Spindel gekuppelt ist, während die rechte Spindel c_2 von der linken Spindel aus durch zwei Kegelräderpaare c_5 und c_6, sowie eine Welle c_7 angetrieben wird.

Die zwangläufige Verbindung des Kreuzschlittensystems A_1, B_1, C_1 mit dem Stereokomparator *A*, *B*, *C*, *D* ist durch ein Hebelsystem hergestellt, das bei den drei Ausführungsformen *A*, *B* und *C* des Stereoautographen verschieden ist und das bei jeder Ausführungsform gesondert besprochen werden soll. In jedem Falle sind die

Tafel I.

Ausführungsform A.

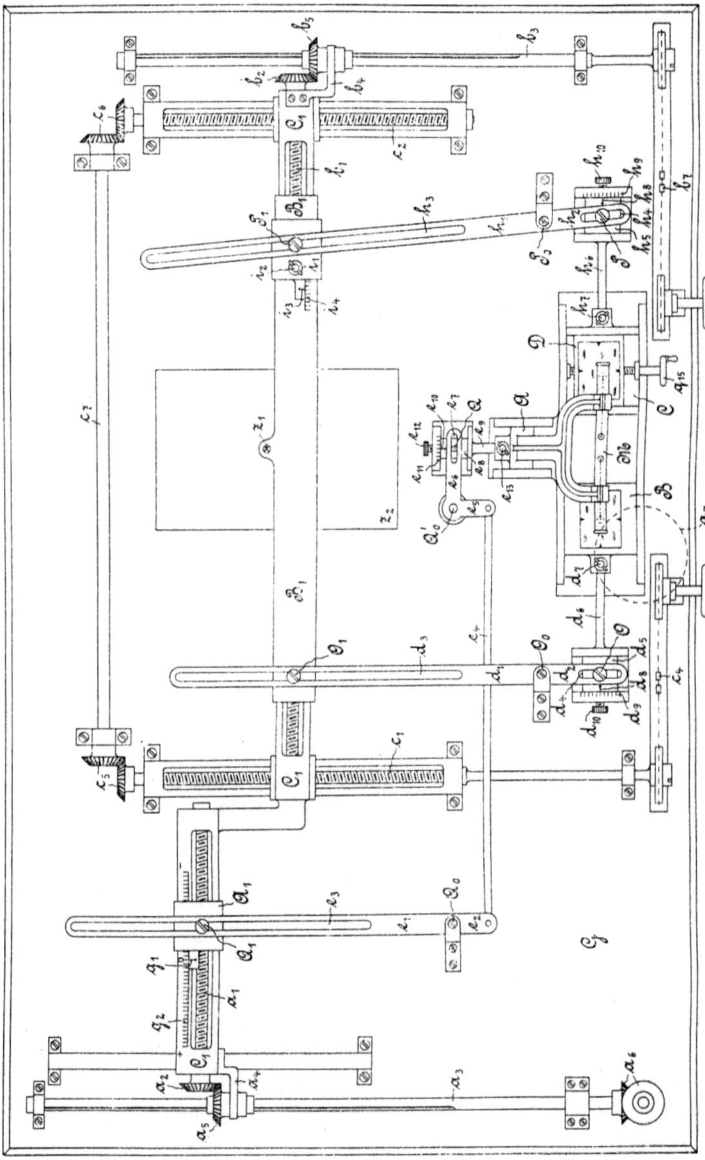

Fig 10.

Tafel 11.

Ausführungsform B.

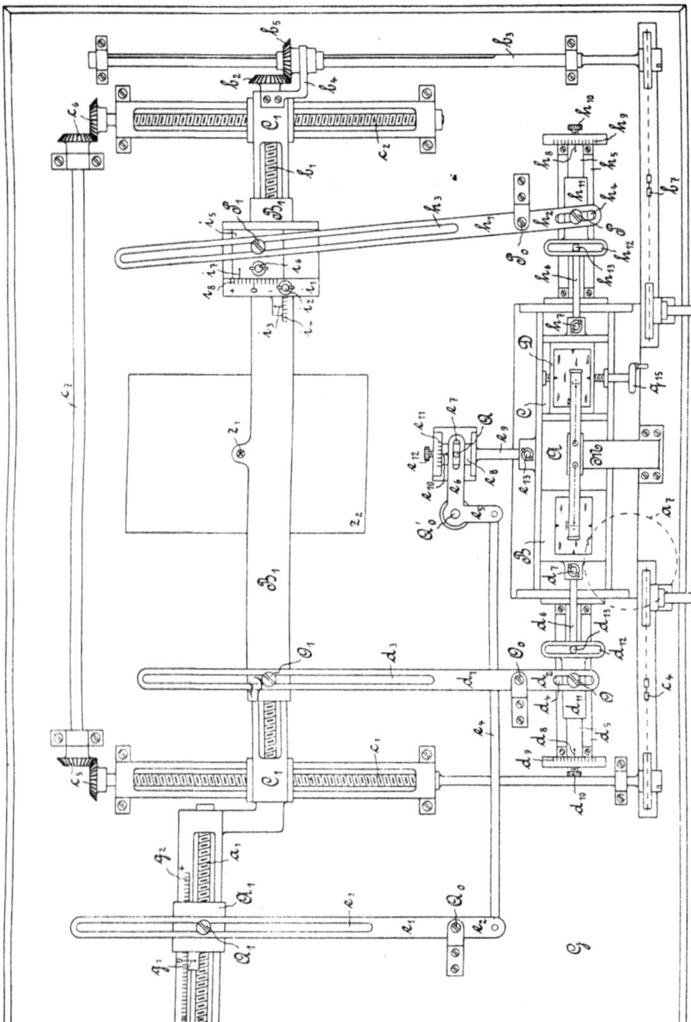

Fig. 11.

Tafel III.

Ausführungsform C.

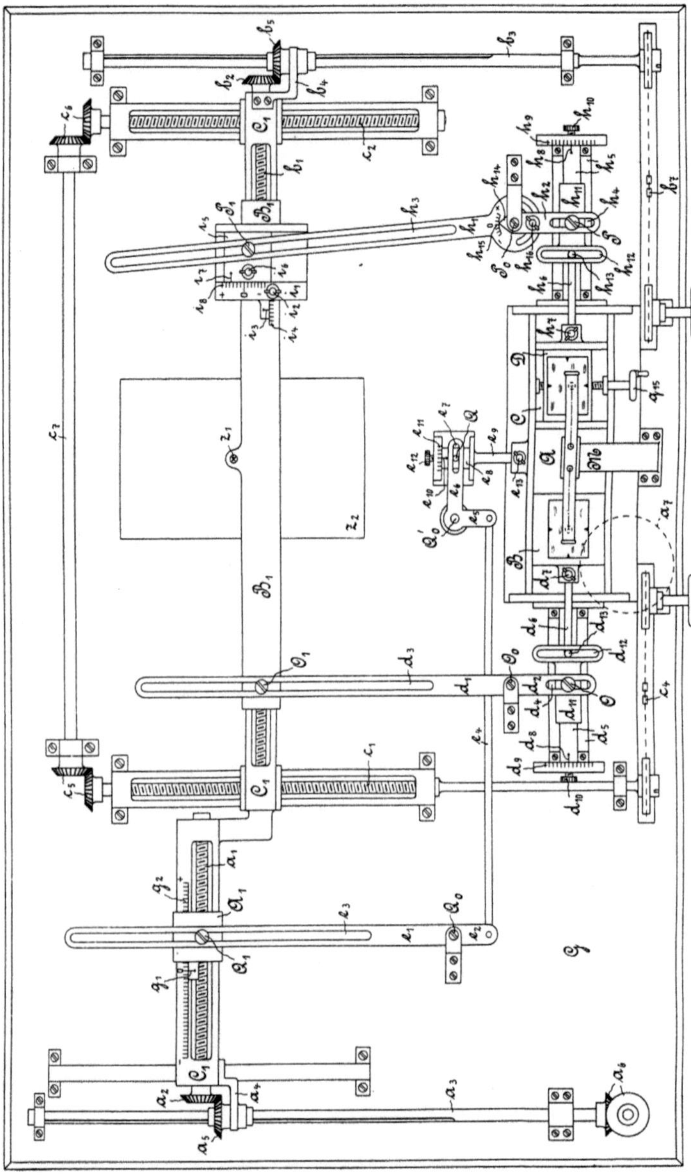

Fig. 12.

zwischen den Raumkoordinaten eines Objektpunktes und den Plattenkoordinaten der entsprechenden Objektbilder bestehenden, oben abgeleiteten Beziehungen aufrechtzuerhalten. Es hat sich herausgestellt, daß es im allgemeinen genügt, wenn durch den Stereoautographen die drei zwischen den Raumkoordinaten X_1, Y_1 und Z_1 und den Plattenkoordinaten x_1, y_1 und x_2 bestehenden Beziehungen selbsttätig aufrechterhalten werden, und wenn dabei die gleiche gegenseitige Verstellung, die die linke Bildplatte in ihrer Höhenrichtung gegenüber dem Mikroskop erfährt, zwangläufig auch für die rechte Bildplatte vorgesehen wird. Dann muß der rechten Bildplatte in ihrer Höhenrichtung noch eine Verstellung von Hand um $y_2 - y_1$ erteilt werden, eine Verstellung, die lediglich zur Erhaltung des stereoskopischen Effektes dient und nur dann vorgenommen werden muß, wenn $y_2 - y_1 > 0,1$ mm.

A. Handantrieb des Vertikalparallaxenschlittens D.

a) Ausführungsform A für den erweiterten Normalfall.

(D. R. P. 262 499 vom 20. Dezember 1910.)

Bei dieser Ausführungsform des Stereoautographen sind die durch die folgenden Gleichungen ausgedrückten Beziehungen selbsttätig aufrechtzuerhalten:

$$\frac{x_1}{f} = \frac{X_1}{Z_1} \qquad \text{Ib)}$$

$$\frac{y_1}{f} = \frac{Y_1}{Z_1} \qquad \text{IIb)}$$

$$\frac{x_2}{f} = \frac{X_1 + b \cos \varepsilon}{Z_1} \qquad \text{IIIb)}$$

Das das Kreuzschlittensystem A_1, B_1, C_1 mit dem Stereokomparator verbindende Hebelsystem ist zu dem Zweck wie aus Fig. 10 (Tafel I) ersichtlich ausgebildet. In dieser Figur liegt für den Stereokomparator der Sonderfall vor, daß der Schlitten A das Mikroskop M trägt und daß die Schlitten B und C nebeneinander auf einer gemeinsamen Führung gleiten.

Damit die Gleichung Ib beim Kopieren selbsttätig erfüllt wird, sind die Schlitten B_1 und B durch einen Doppelhebel d_1, d_2 miteinander verbunden, der um eine Achse O_0 auf der Grundplatte G drehbar angeordnet ist. Die beiden Arme d_1 und d_2 des Doppelhebels sind von verschiedener Länge und schließen einen Winkel von 180° miteinander ein. Der lange Arm d_1 greift mit einem Schlitz d_3 an einem Mitnehmer O_1 des Schlittens B_1 an. Die von der Einstellung des Schlittens C_1 abhängige, in die Tiefenrichtung fallende Komponente des Abstandes dieses Mitnehmers O_1 von der Drehachse O_0 ist gleich der im Kopiermaßstab gemessenen Koordinate Z_1 des jeweils durch den Zeichenstift z_1 auf dem Zeichenbrett z_2 angegebenen Objektpunktes. Der kurze Arm d_2 greift mit einem Schlitz d_4 an einem Mitnehmer O eines Schlittens d_5 an, der auf einem Schieber d_6 in der Tiefenrichtung einstellbar angeordnet ist. Dieser Schieber d_6 bildet einen Teil des Schlittens B und ist für Justierzwecke gegenüber diesem Schlitten in der Breitenrichtung einstellbar angeordnet, wobei eine Klemmschraube d_7 vorgesehen ist, durch die der Schieber auf dem Schlitten B festgestellt werden kann. Ein Zeiger d_8 des Schlittens d_5 zeigt an einer Skala d_9 des Schiebers d_6 die jeweils eingestellte Komponente des Abstandes des Mitnehmers O von der Drehachse O_0 in der Tiefenrichtung an, die gleich der Brennweite f der Aufnahmeobjektive sein muß. Eine Klemmschraube d_{10} dient zum Feststellen des Schlittens d_5 auf dem Schieber d_6. Wenn im Stereokomparator ein

Bildpunkt mit der Abszisse $x_1 = 0$ eingestellt ist, muß sich der Doppelhebel d_1, d_2 in seiner Nullstellung befinden, in der er parallel der Tiefenrichtung ist. In diesem Falle gibt der Zeichenstift z_1 auf dem Zeichenbrett z_2 einen Objektpunkt mit der Koordinate $X_1 = 0$ an.

Damit die Gleichung IIb beim Kopieren selbsttätig aufrechterhalten wird, ist zwischen den Schlitten A_1 und A die folgende Verbindung vorgesehen. Auf der Grundplatte G ist um eine Achse Q_0 ein Doppelhebel mit zwei verschieden langen Armen e_1 und e_2 drehbar gelagert, die einen Winkel von 180^0 miteinander einschließen. Der lange Arm e_1 greift mit einem Schlitz e_3 an einem Mitnehmer Q_1 des Schlittens A_1 an, der von der Drehachse Q_0 einen Abstand hat, dessen Komponente in der Tiefenrichtung gleich der entsprechenden Komponente (Z_1) des Abstandes des Mitnehmers O_1 von der Drehachse O_0 des Doppelhebels d_1, d_2 ist, während der kurze Arm e_2 mittels einer Stange e_4 an dem einen Arm e_5 eines Winkelhebels angreift, der auf der Grundplatte G um eine Achse Q'_0 drehbar gelagert ist, die mit der Drehachse Q_0 des Doppelhebels e_1, e_2 in einer die Breitenrichtung enthaltenden Ebene liegt. Der Arm e_5 des Winkelhebels ist von der gleichen Länge wie der Arm e_2 des Doppelhebels, und ist diesem Arm parallel. Er schließt mit dem anderen Arm e_6 des Winkelhebels einen Winkel von 90^0 ein. Dieser Arm e_6 greift mit einem Schlitz e_7 an einem Mitnehmer Q eines Schlittens e_8 an, der auf einem Schieber e_9 in der Breitenrichtung einstellbar angeordnet ist. Dieser Schieber e_9 bildet einen Teil des Schlittens A und ist für Justierzwecke gegenüber diesem Schlitten in dessen Verschiebungsrichtung einstellbar. Ein Zeiger e_{10} des Schlittens e_8 zeigt an einer Skala e_{11} des Schiebers e_9 die jeweils eingestelle Komponente des Abstandes des Mitnehmers Q von der Drehachse Q'_0 in der Breitenrichtung an, die gleich der Brennweite f der Aufnahmeobjektive sein muß. Eine Klemmschraube e_{12} dient zum Feststellen des Schlittens e_8 auf dem Schieber e_9, und eine zweite Klemmschraube e_{13} zum Feststellen des Schiebers e_9 auf dem Schlitten A. Ein Zeiger g_1 des Schlittens A_1 zeigt an einer Skala g_2 des Schlittens C_1 den im Kopiermaßstab gemessenen Längenwert der Koordinate Y_1 des jeweils durch den Zeichenstift z_1 auf dem Zeichenbrett z_2 angegebenen Objektpunktes an. Wenn im Stereokomparator ein Bildpunkt mit der Koordinate $y_1 = 0$ eingestellt ist, muß sich der Doppelhebel e_1, e_2 in seiner Nullstellung befinden, in der er parallel der Tiefenrichtung ist. Dann ist der Arm e_6 des Winkelhebels e_5 parallel der Breitenrichtung, der Zeiger g_1 zeigt an der Skala g_2 auf Null, und der Zeichenstift z_1 gibt auf dem Zeichenbrett z_2 einen Objektpunkt mit der Koordinate $y_1 = 0$ an.

Damit endlich die Gleichung IIIb beim Kopieren selbsttätig aufrechterhalten wird, sind die Schlitten B_1 und C durch einen Doppelhebel h_1, h_2 miteinander verbunden, der auf der Grundplatte G um eine Achse P_0 drehbar gelagert ist, die mit der Drehachse O_0 des Doppelhebels d_1, d_2 in einer die Breitenrichtung enthaltenden Ebene liegt. Die beiden Arme h_1 und h_2 des Doppelhebels sind von verschiedener Länge und schließen einen Winkel von 180^0 miteinander ein. In einen Schlitz h_3 des langen Armes h_1 greift ein Mitnehmer P_1 ein, der von der Drehachse P_0 einen Abstand hat, dessen Komponente in der Tiefenrichtung gleich der entsprechenden Komponente (Z_1) des Abstandes des Mitnehmers O_1 von der Drehachse O_0 des Doppelhebels d_1, d_2, also auch gleich der entsprechenden Komponente des Abstandes des Mitnehmers Q_1 von der Drehachse Q_0 des Doppelhebels e_1, e_2 ist. Der Mitnehmer P_1 gehört einem Schlitten i_1 an, der auf dem Schlitten B_1 in der Breitenrichtung einstellbar angeordnet ist und durch eine Klemmschraube i_2 auf diesem Schlitten festgestellt werden kann. Ein Zeiger i_3 des Schlittens i_1 zeigt an einer Skala i_4 des Schlittens B_1 denjenigen Wert an, um den der Schlitten i_1 aus seiner Nullstellung verschoben ist. Diese Verschiebung muß, entsprechend der Gleichung IIIb, den im Kopiermaßstab gemessenen Wert $b \cos \varepsilon$ annehmen. Dabei ist die Nullstellung dadurch bestimmt, daß, wenn gleichzeitig $X_1 = 0$ (wenn also der Doppelhebel d_1, d_2 parallel der Tiefenrichtung ist) und $b \cos \varepsilon = 0$ ist, der Doppelhebel h_1, h_2 parallel zur Tiefenrichtung sein muß. Der Richtungssinn der Verschiebung ergibt sich daraus, daß für $b \cos \varepsilon > 0$ der Abstand des Mitnehmers P_1 von dem Mitnehmer O_1 kleiner sein muß als für $b \cos \varepsilon = 0$. Der kurze Arm h_2 des Doppelhebels h_1, h_2 greift mit einem Schlitz h_4 an einem Mitnehmer P eines Schlittens h_5 an, der auf einem Schieber h_6 in der Tiefenrichtung einstellbar angeordnet ist. Dieser Schieber h_6 bildet einen Teil des Schlittens C und ist für Justierzwecke gegenüber diesem Schlitten in der Breitenrichtung einstellbar angeordnet, wobei eine Klemmschraube h_7 zur Feststellung des Schiebers h_6 auf dem Schlitten C vorgesehen ist. Ein Zeiger h_8 des Schlittens h_5 zeigt an einer Skala h_9 des Schiebers h_6 die jeweils eingestellte Komponente des Abstandes des Mitnehmers P von der Drehachse P_0 in der Tiefenrichtung an, die gleich der Brennweite f der Aufnahmeobjektive sein muß. Zum Feststellen des Schlittens h_5 auf dem Schieber h_6 dient eine Klemmschraube h_{10}. Wenn im Stereokomparator ein Bildpunkt mit der Abszisse $x_2 = 0$ eingestellt ist, muß sich der Doppelhebel h_1, h_2 in seiner Nullstellung befinden, in der er parallel zur Tiefenrichtung ist.

Um den Schlitten D des Stereokomparators von Hand entsprechend $y_2 - y_1$ einstellen zu können, ist ein Handrad q_{15} angeordnet.

In Fig. 10 (Tafel 1) sind im Stereokomparator die Marken des Mikroskops M auf die Bilder eines Objektivpunktes eingestellt, deren Koordinaten die Werte haben

$$x_1 = 0, \; y_1 = 0, \; x_2 = \frac{b\,f \cos \varepsilon}{Z_1}, \; y_2 = -\frac{b\,f \sin \varepsilon}{Z_1}.$$

Der Zeichenstift z_1 gibt demzufolge auf dem Zeichenbrett z_2 den diesen Bildern entsprechenden Objektpunkt an mit den Koordinaten

$$X_1 = 0, \; Y_1 = 0, \; Z_1 > 0,$$

d. h. dieser Objektpunkt liegt in der linken Objektivachse im Abstand Z_1 vom optischen Mittelpunkt des linken Objektivs.

Beim Gebrauch des Apparates müssen sämtliche Klemmschrauben angezogen sein. Zum Aufzeichnen beliebiger Linien des aus den Bildplatten zu entnehmenden Objektes sind die Fußscheibe a_7, sowie die Handräder b_6 und c_3 gleichzeitig zu betätigen, während am Handrad q_{15} nur von Zeit zu Zeit nachzustellen ist. Zum Aufzeichnen von Höhenschichtenlinien ist die Fußscheibe a_7 so lange zu bewegen, bis an der Skala g_2 durch den Zeiger g_1 die der jeweils gewünschten Höhenschichtenlinie entsprechende Höhe Y_1 (im Kopiermaßstab gemessen) angezeigt wird. Alsdann sind zum Aufzeichnen nur die Handräder b_6 und c_3 zu benützen, wobei wiederum die zur Erhaltung des stereoskopischen Effektes erforderliche, gelegentliche Nachstellung des Handrades q_{15} vorzunehmen ist.

b) Ausführungsform B für den Fall gleichmäßig verschwenkter Objektivachsen.

(D. R. P. 281369 vom 25. Dezember 1913).

Bei dieser Ausführungsform des Stereoautographen sind die durch die folgenden Gleichungen ausgedrückten Beziehungen selbsttätig aufrechtzuerhalten.

$$\frac{x_1}{f} = \frac{X_1}{Z_1} \qquad \text{Ic)}$$

$$\frac{y_1}{f} = \frac{Y_1}{Z_1} \qquad \text{IIc)}$$

$$\frac{x_2}{f} = \frac{X_1 + b \cos\alpha \cos\varepsilon}{Z_1 + b \sin\alpha \cos\varepsilon}. \qquad \text{IIIc)}$$

Da die Gleichungen Ic und IIc mit den Gleichungen Ib und IIb übereinstimmen, macht sich gegenüber der Ausführungsform A des Stereoautographen nur eine Änderung der Verbindung der Schlitten B_1 und C nötig. Diese Änderung soll an Hand der Fig. 11 (Tafel II) beschrieben werden, in der für den Stereokomparator der Sonderfall vorliegt, daß der Schlitten A die beiden Bildplatten trägt, daß also das Mikroskop M auf der Grundplatte G fest angeordnet ist, und daß die Schlitten B und C nebeneinander auf einer gemeinsamen Führung gleiten.

Die Gleichung IIIc unterscheidet sich von der Gleichung IIIb dadurch, daß das für ein bestimmtes Bildplattenpaar unveränderliche Zusatzglied des Zählers der rechten Seite statt des Wertes $b \cos\varepsilon$ den Wert $b \cos\alpha \cos\varepsilon$ hat, und daß auch der Nenner der rechten Seite ein für ein bestimmtes Bildplattenpaar unveränderliches Zusatzglied enthält. Demgemäß muß die Verschiebung des Schlittens i_1 aus seiner Nullstellung den im Kopiermaßstab gemessenen Wert $b \cos\alpha \cos\varepsilon$ erhalten, und es muß ferner der Mitnehmer P_1 gegenüber dem Schlitten B_1 auch noch in der Tiefenrichtung einstellbar sein. Zu diesem Zweck ist er auf einem Schlitten i_5 angebracht, der auf dem Schlitten i_1 in der Tiefenrichtung einstellbar angeordnet ist und gegenüber diesem Schlitten mittels einer Klemmschraube i_6 festgestellt werden kann. Ein Zeiger i_7 des Schlittens i_5 zeigt an einer Skala i_8 des Schlittens i_1 denjenigen Wert an, um den der Schlitten i_5 aus seiner Nullstellung verschoben ist. Diese Verschiebung muß, entsprechend der Gleichung IIIc, den im Kopiermaßstab gemessenen Wert $b \sin\alpha \cos\varepsilon$ haben. Die Nullstellung ist dadurch bestimmt, daß für $b \sin\alpha \cos\varepsilon = 0$ der Abstand des Mitnehmers P_1 von der Drehachse P_0 dieselbe Komponente (Z_1) in der Tiefenrichtung haben muß, wie der Abstand des Mitnehmers O_1 von der Drehachse O_0. Der Richtungssinn der Verschiebung ist dadurch bestimmt, daß für positive Werte von $b \sin\alpha \cos\varepsilon$ der Abstand des Mitnehmers P_1 von der Drehachse P_0 größer sein muß, als für $b \sin\alpha \cos\varepsilon = 0$. Wenn im Stereokomparator ein Bildpunkt mit der Koordinate $x_2 = 0$ eingestellt ist, muß sich der Doppelhebel h_1, h_2 in seiner Nullstellung befinden, in der er parallel der Tiefenrichtung ist.

Außerdem machen sich gegenüber Fig. 10 (Tafel I) mit Rücksicht darauf, daß der Schlitten A des Stereokomparators abweichend von der in dieser Figur beschriebenen Anordnung die beiden Bildplatten trägt, noch die folgenden Änderungen nötig. Da die Verschiebung des Schlittens A ihr Vorzeichen geändert hat, muß die Skala g_2 des Schlittens C_1 entgegengesetzt gerichtet sein. Da die Schlitten B und C an der Bewegung des Schlittens A teilnehmen, müssen sie folgendermaßen mit den kurzen Armen, d_2 und h_2, der Doppelhebel d_1, d_2 und h_1, h_2 verbunden werden. Der Schlitten d_5

wird auf der Grundplatte G verschieblich angeordnet, und die zu seinem Zeiger d_8 gehörende Skala d_9 wird auf der Grundplatte aufgetragen. Die Klemmschraube d_{10} dient zum Feststellen des Schlittens d_5 auf der Grundplatte. Der Mitnehmer O sitzt auf einem Schlitten d_{11}, der auf dem Schlitten d_5 in der Breitenrichtung verschieblich angeordnet ist und eine quer gerichtete Kulisse d_{12} trägt, in die der Schieber d_6 des Schlittens B mit einem Zapfen d_{13} eingreift. Entsprechend wird auch der Schlitten h_5 auf der Grundplatte G verschieblich angeordnet, und die Skala h_9 auf der Grundplatte aufgetragen. Die Klemmschraube h_{10} dient zum Feststellen des Schlittens h_5 auf der Grundplatte. Der Mitnehmer P sitzt auf einem Schlitten h_{11}, der auf dem Schlitten h_5 in der Breitenrichtung verschieblich angeordnet ist und eine quer gerichtete Kulisse h_{12} trägt, in die ein Zapfen h_{13} des Schiebers h_6 eingreift.

In der Figur sind im Stereokomparator die Marken des Mikroskops M auf die Bilder eines Objektpunktes eingestellt, deren Koordinaten die Werte haben

$$x_1 = 0, \; y_1 = 0, \; x_2 = \frac{b \cdot f \cdot \cos\alpha \cos\varepsilon}{Z_1 + b \sin\alpha \cos\varepsilon}, \; y_2 = -\frac{b \cdot f \cdot \sin\varepsilon}{Z_1 + b \sin\alpha \cos\varepsilon}.$$

Der Zeichenstift z_1 gibt demzufolge auf dem Zeichenbrett z_2 den diesen Bildern entsprechenden Objektpunkt an mit den Koordinaten

$$X_1 = 0, \; Y_1 = 0, \; Z_1 > 0,$$

d. h. dieser Objektpunkt liegt in der linken Objektivachse im Abstand Z_1 vom optischen Mittelpunkt des linken Objektivs.

Beim Gebrauch des Apparates müssen sämtliche Klemmschrauben angezogen sein. Die Handhabung stimmt mit der bei der Ausführungsform A angegebenen überein.

c) Ausführungsform C für den Fall konvergenter (divergenter) Objektivachsen.

(D. R. P. 281369 vom 25. Dezember 1913).

Bei dieser Ausführungsform des Stereoautographen sind die durch die folgenden Gleichungen ausgedrückten Beziehungen selbsttätig aufrechtzuerhalten.

$$\frac{x_1}{f} = \frac{X_1}{Z_1} \qquad \text{Id)}$$

$$\frac{y_1}{f} = \frac{Y_1}{Z_1} \qquad \text{IId)}$$

$$\frac{x_2}{f} = \frac{X_1 \cos\gamma - Z_1 \sin\gamma + b \cos\varepsilon \cos(\alpha + \gamma)}{X_1 \sin\gamma + Z_1 \cos\gamma + b \cos\varepsilon \sin(\alpha + \gamma)}. \qquad \text{IIId)}$$

Vergleicht man diese Gleichungen mit den der Ausführungsform B des Stereautographen zugrunde liegenden, so ergibt sich auch hier wieder nur eine Abweichung der Gleichung IIId von der Gleichung IIIc. Es ist also gegenüber der Ausführungsform B (Fig. 11, Tafel II) nur eine Änderung der Verbindung der Schlitten B_1 und C erforderlich, wenn, wie vorausgesetzt sein soll, ein Stereokomparator von gleicher Ausbildung wie in Fig. 11 Verwendung findet. Die Änderung wird aus Fig. 12 (Tafel III) ersichtlich. Sie besteht darin, daß die Arme h_1 und h_2 des Doppelhebels h_1, h_2 in ihrer Drehebene gegeneinander einstellbar gemacht werden. Damit die Gleichung IIId erfüllt wird, sind die Schlitten h_5, i_1 und i_5 wie bei der Ausführungsform B einzustellen, so daß also der Zeiger h_8 an der Skala h_9 den Wert f, der Zeiger i_3 an der Skala i_4 den Wert $b \cos\alpha \cos\varepsilon$, und der Zeiger i_7 an der Skala i_8 den Wert $b \sin\alpha \cos\varepsilon$ anzeigt, die beiden letzten Werte dabei im Kopiermaßstab gemessen. Ferner sind die Arme h_1 und h_2 so gegeneinander einzustellen, daß sie, vom langen Arm h_1 aus im Uhrzeigersinn gerechnet, den Winkel $180 + \gamma$ miteinander einschließen. Dabei wird der Winkel γ durch einen Zeiger h_{14} des Armes h_2 an einer im Uhrzeigersinn zunehmenden Gradteilung h_{15} des Armes h_1 angezeigt. Eine Klemmschraube h_{16} dient dazu, die beiden Arme gegeneinander festzustellen. Wenn im Stereokomparator ein Bildpunkt mit der Abszisse $x_2 = 0$ eingestellt ist, muß sich der Doppelhebel h_1, h_2 in seiner Nullstellung befinden, in der sein Arm h_2 parallel zur Tiefenrichtung, und sein Arm h_1 um den Winkel γ gegen die Tiefenrichtung geneigt ist.

Der Beweis dafür, daß bei der beschriebenen Einstellung der Schlitten h_5, i_1 und i_5 die Gleichung IIId richtig erfüllt wird, folgt aus Fig. 13. Darin ist der Doppelhebel h_1, h_2 in vier Stellungen gezeichnet, deren jeder eine Einstellung des Apparates für einen Objektpunkt mit den von Null abweichenden Koordinaten Y_1 und Z_1 zugrunde liegt. Die durch strichpunktierte Linien angedeutete Stellung entspricht der Einstellung eines Objektpunktes mit der Koordinate $X_1 = - b \cos\alpha \cos\varepsilon$. Die durch schwach gestrichelte Linien angedeutete Stellung entspricht der Einstellung eines Objektpunktes mit der Koordinate $X_1 = 0$. Die durch stark gestrichelte Linien angedeutete Stellung ist die Nullstellung des Doppelhebels, die der Einstellung eines Objektpunktes entspricht, zu dem die Plattenkoordinate $x_2 = 0$ gehört. Die durch ausgezogene Linien angedeutete Stellung entspricht der Einstellung eines Objektpunktes mit der von Null abweichenden Koordinate X_1 und der zugehörigen Plattenkoordinate x_2. Mit den eingeschriebenen Bezeichnungen folgt dann aus der Figur, wenn man noch von P_1' und P_1'''' Senkrechte auf $P_0 P_1'''$ fällt, und wenn man ferner durch P_1' zu $P_0 P_1'''$ eine Parallele zieht:

$$\operatorname{tg}\varphi = \frac{x_2}{f} = \frac{\overline{P_1''''b}}{\overline{P_0 b}}$$

$$= \frac{\overline{P_1''''c} - \overline{bc}}{\overline{P_0 a} + \overline{ab}} = \frac{\overline{P_1''''c} - \overline{P_1'a}}{\overline{P_0 a} + \overline{P_1'c}}$$

$$= \frac{(X_1 + b\cos\alpha\cos\varepsilon)\cos\gamma - (Z_1 + b\sin\alpha\cos\varepsilon)\sin\gamma}{(Z_1 + b\sin\alpha\cos\varepsilon)\cos\gamma + (X_1 + b\cos\alpha\cos\varepsilon)\sin\gamma}$$

$$= \frac{X_1\cos\gamma - Z_1\sin\gamma + b\cos\varepsilon\cos(\alpha+\gamma)}{X_1\sin\gamma + Z_1\cos\gamma + b\cos\varepsilon\sin(\alpha+\gamma)},$$

was zu beweisen war.

In Fig. 12 (Tafel III) sind im Stereokomparator die Marken des Mikroskops M auf die Bilder eines Objektpunktes eingestellt, deren Koordinaten die Werte haben

$$x_1 = 0,\; y_1 = 0,\; x_2 = 0,\; y_2 = -f\frac{\sin\gamma \operatorname{tg}\varepsilon}{\cos\alpha}.$$

Der Zeichenstift z_1 gibt demzufolge auf dem Zeichenbrett z_2 den diesen Bildern entsprechenden Objektpunkt an mit den Koordinaten

$$X_1 = 0,\; Y_1 = 0,\; Z_1 = \frac{b\cos\varepsilon\cos(\alpha+\gamma)}{\sin\gamma}.$$

d. h. dieser Objektpunkt ist der Schnittpunkt der linken Objektivachse mit der die rechte Objektivachse enthaltenden Lotebene.

Beim Gebrauch des Apparates müssen sämtliche Klemmschrauben angezogen sein. Die Handhabung stimmt mit der bei der Ausführungsform A angegebenen überein.

Selbsttätiger Antrieb des Vertikalparallaxenschlittens D.

Bei den beschriebenen Ausführungsformen A, B und C des Stereoautographen ist die zum Zweck der Erhaltung des stereoskopischen Effektes erforderliche Nachstellung des Schlittens D des Stereokomparators dem Kopisten überlassen. Wenn auch im allgemeinen die gelegentliche Nachstellung dieses Schlittens von Hand genügt, vorausgesetzt, daß, wie bei diesen Ausführungsformen vorgesehen ist, der Schlitten A eine gleichzeitige Verstellung beider Bildplatten gegenüber dem Mikroskop M um den Betrag y_1 bewirkt, so ist es doch, um die Bedienung des Apparates zu vereinfachen, empfehlenswert, wenn der Schlitten D selbsttätig eingestellt wird. Vorteilhaft wird dabei das Mikroskop fest angeordnet und dem Schlitten A nur die Einstellung der linken Bildplatte übertragen, so daß dann also die Ausführungsform des Stereokomparators nach Fig. 9 vorliegt. Die geforderte selbsttätige Einstellung des Schlittens D ist dann an die Bedingung geknüpft, daß im Falle der Ausführungsform A (unter der Voraussetzung, daß statt der in Fig. 10, Tafel I, benutzten Ausführungsform des Stereokomparators die durch Fig. 9 dargestellte Ausführungsform Verwendung findet) noch die Gleichung IVb, im Falle der Ausführungsform B noch die Gleichung IVc, und im Falle der Ausführungsform C noch die Gleichung IVd selbsttätig aufrechterhalten wird. Dies kann in jedem Falle durch eine geeignete Verbindung des Schlittens A_1 mit dem Schlitten D erzielt werden. Eine entsprechende Konstruktion hat 1913 v. Orel in einer Eingabe an die Firma Carl Zeiss für den Fall der Ausführungsformen A und B angegeben, und ebenfalls 1913 hat Verfasser auch für die Ausführungsform C eine geeignete Lösung gefunden. Es soll hier nur die entsprechende Ausgestaltung der Ausführungsform C beschrieben werden, aus der sich die beiden anderen Lösungen leicht ableiten lassen.

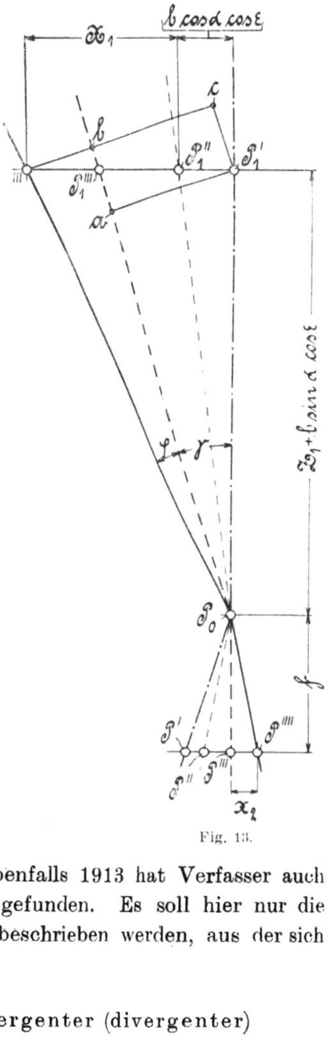

Fig. 13.

Ausführungsform D für den Fall konvergenter (divergenter) Objektivachsen.

(D. R. P. 312973 vom 7. Juli 1914.)

Bei dieser Ausführungsform des Stereoautographen sind die durch die folgenden Gleichungen ausgedrückten Beziehungen selbsttätig aufrechtzuerhalten:

$$\frac{x_1}{f} = \frac{X_1}{Z_1} \qquad \text{Id)}$$

$$\frac{y_1}{f} = \frac{Y_1}{Z_1} \qquad \text{II d)}$$

$$\frac{x_2}{f} = \frac{X_1 \cos\gamma - Z_1 \sin\gamma + b\cos\varepsilon\cos(\alpha+\gamma)}{X_1 \sin\gamma + Z_1 \cos\gamma + b\cos\varepsilon\sin(\alpha+\gamma)} \qquad \text{III d)}$$

$$\frac{y_2}{f} = \frac{Y_1 - b\sin\varepsilon}{X_1 \sin\gamma + Z_1 \cos\gamma + b\cos\varepsilon\sin(\alpha+\gamma)}. \qquad \text{IV d)}$$

Um die Gleichung IV d zur mechanischen Umsetzung geeignet zu machen, werden ihre Nenner durch $\cos\gamma$ dividiert[1]). Dann entsteht die Gleichung

$$\frac{\dfrac{y_2}{f}}{\cos\gamma} = \frac{Y_1 - b\sin\varepsilon}{X_1 \operatorname{tg}\gamma + Z_1 + \dfrac{b\cos\varepsilon\sin(\alpha+\gamma)}{\cos\gamma}}. \qquad \text{IV e)}$$

Die Ausführungsform wird aus Fig. 14 (Tafel IV) ersichtlich, in der für den Stereokomparator der in Fig. 9 dargestellte Sonderfall vorliegt. Gegenüber Fig. 12 (Tafel III) macht sich nur diejenige Änderung erforderlich, die zum Zwecke der selbsttätigen Aufrechterhaltung der Gleichung IV e getroffen werden muß. Diese Änderung besteht darin, daß der Schlitten A_1 mit dem Schlitten D durch einen Doppelhebel j_1, j_2 verbunden ist, der auf der Grundplatte G um eine Achse R_0 drehbar gelagert ist, die mit der Drehachse Q_0 des Doppelhebels e_1, e_2 in einer die Breitenrichtung enthaltenden Ebene liegt. Die beiden Arme j_1 und j_2 des Doppelhebels sind von verschiedener Länge und schließen einen Winkel von 180° miteinander ein. In einen Schlitz j_3 des langen Armes j_1 greift ein Mitnehmer R_1 ein, der auf dem oberen Schlitten eines auf dem Schlitten A_1 angeordneten Kreuzschlittensystems angebracht ist, dessen unterer Schlitten k_1 auf dem Schlitten A_1 in der Breitenrichtung einstellbar angeordnet ist und gegenüber diesem Schlitten durch eine Klemmschraube k_2 festgestellt werden kann. Ein Zeiger k_3 des Schlittens k_1 zeigt an einer Skala k_4 des Schlittens A_1 denjenigen Wert an, um den der Schlitten k_1 aus seiner Nullstellung verschoben ist. Diese Verschiebung muß, entsprechend der Gleichung IVe, den im Kopiermaßstab gemessenen Wert $b\sin\varepsilon$ haben. Die Nullstellung ist dadurch bestimmt, daß für $b\sin\varepsilon = 0$ der Doppelhebel j_1, j_2 parallel dem Doppelhebel e_1, e_2 sein muß. Der Richtungssinn der Verschiebung ergibt sich daraus, daß bei positivem $b\sin\varepsilon$ der Abstand des Mitnehmers R_1 von dem Mitnehmer Q_1 kleiner sein muß als für $b\sin\varepsilon = 0$. Der obere Schlitten k_5 des Kreuzschlittensystems ist auf dem unteren Schlitten k_1 in der Tiefenrichtung einstellbar angeordnet und kann durch eine Klemmschraube k_6 auf dem Schlitten k_1 festgestellt werden. Ein Zeiger k_7 des Schlittens k_5 zeigt an einer Skala k_8 des Schlittens k_1 denjenigen Wert an, um den der Schlitten k_5 aus seiner Nullstellung verschoben ist. Diese Verschiebung muß, entsprechend der Gleichung IVe, den im Kopiermaßstab gemessenen Wert $X_1 \operatorname{tg}\gamma + \dfrac{b\cos\varepsilon\sin(\alpha+\gamma)}{\cos\gamma}$ haben. Die Nullstellung

---

[1]) Es ist auch noch ein zweiter Weg gangbar, die Gleichung IV d zur mechanischen Umsetzung geeignet zu machen. Zu dem Zwecke setze man in IV d) für X_1 den aus III d) folgenden Wert

$$X_1 = \frac{x_2\,[Z_1 \cos\gamma + b\cos\varepsilon\sin(\alpha+\gamma)] + f\,[Z_1 \sin\gamma - b\cos\varepsilon\cos(\alpha+\gamma)]}{f\cos\gamma - x_2 \sin\gamma}$$

ein. Dann entsteht die Gleichung

$$\frac{y_2}{f\cos\gamma - x_2\sin\gamma} = \frac{Y_1 - b\sin\varepsilon}{Z_1 + b\sin\alpha\cos\varepsilon} \qquad \text{IV f)}$$

ist dadurch bestimmt, daß, wenn gleichzeitig $X_1 = 0$ und $\frac{b \cos \varepsilon \sin (\alpha + \gamma)}{\cos \gamma} = 0$ ist, der Mitnehmer R_1 mit dem Mitnehmer Q_1 des Armes e_1 des Doppelhebels e_1, e_2 in einer die Breitenrichtung enthaltenden Ebene liegen muß. Der Richtungssinn der Verschiebung ergibt sich daraus, daß, wenn gleichzeitig $X_1 = 0$ ist und $\frac{b \cos \varepsilon \sin (\alpha + \gamma)}{\cos \gamma}$ einen positiven Wert hat, der Abstand des Mitnehmers R_1 von der Drehachse R_0 größer sein muß als für $\frac{b \cos \varepsilon \sin (\alpha + \gamma)}{\cos \gamma} = 0$.

Damit während des Kopierens der Mitnehmer R_1 beim Verschieben des Schlittens B_1 in der Breitenrichtung um X_1 die Verschiebung $X_1 \operatorname{tg} \gamma$ in der Tiefenrichtung selbsttätig erfährt, und zwar so, daß der Abstand des Mitnehmers R_1 von der Drehachse R_0 bei positivem $X_1 \operatorname{tg} \gamma$ größer ist als für $X_1 \operatorname{tg} \gamma = 0$, ist die folgende Kuppelung des Mitnehmers R_1 mit dem Schlitten B_1 vorgesehen. Auf dem Schlitten C_1 ist ein Schlitten l längs zweier Führungen l_1 in der Tiefenrichtung verschieblich angeordnet, der einerseits einen der Breitenrichtung parallelen Schlitz l_2 aufweist, in den der Mitnehmer R_1 eingreift, und auf dem anderseits ein Schlitten l_3 in der Tiefenrichtung einstellbar angeordnet ist, der durch eine Klemmschraube l_4 mit dem Schlitten l fest verbunden werden kann. Dieser Schlitten l_3 greift mit einem Zapfen l_5 in einen Schlitz l_6 eines Hebels l_7 ein, der um einen Zapfen l_8 des Schlittens B_1 drehbar so gelagert ist, daß die Neigung seines Schlitzes l_6 gegen die Breitenrichtung verändert werden kann. Die jeweils eingestellte Neigung, die gleich dem Winkel γ zu wählen ist, wird durch einen Zeiger l_9 des Hebels l_7 an einer entgegen dem Uhrzeigersinn zunehmenden Gradteilung l_{10} des Schlittens B_1 angezeigt. Durch eine Klemmschraube l_{11} kann der Hebel l_7 auf dem Schlitten B_1 festgestellt werden. Damit die Gleichung IVe erfüllt wird, ist die beschriebene Kupplung folgendermaßen einzustellen. Der Hebel l_7 muß in diejenige Lage gebracht werden, in der sein Zeiger l_9 an der Gradteilung l_{10} den Winkel γ anzeigt. Der Schlitten k_1 muß diejenige Stellung einnehmen, in der sein Zeiger k_3 an der Skala k_4 den im Kopiermaßstab gemessenen Wert $b \sin \varepsilon$ anzeigt. Der Schlitten B_1 ist in seine Nullstellung zu bringen, in der der Doppelhebel d_1, d_2 parallel der Tiefenrichtung ist. Der Schlitten k_5 ist bei gelöster Klemmschraube l_4 so einzustellen, daß sein Zeiger k_7 an der Skala k_8 den im Kopiermaßstab gemessenen Wert $\frac{b \cos \varepsilon \sin (\alpha + \gamma)}{\cos \gamma}$ anzeigt. Die zwangläufige Verbindung des Schlittens B_1 mit dem Mitnehmer R_1 ist durch Anziehen der Klemmschraube l_4 herzustellen. Die Klemmschraube k_6 muß während des Kopierens gelöst bleiben.

Der kurze Arm j_2 des Doppelhebels j_1, j_2 greift mittels einer Stange j_4 an dem einen Arm j_5 eines Winkelhebels an, der auf der Grundplatte G um eine Achse R_0' drehbar gelagert ist, die mit der Drehachse R_0 des Doppelhebels j_1, j_2 in einer die Breitenrichtung enthaltenden Ebene liegt. Der Arm j_5 des Winkelhebels ist von der gleichen Länge wie der Arm j_2 des Doppelhebels, und ist diesem Arm parallel. Er schließt mit dem anderen Arm j_6 des Winkelhebels den Winkel 90^0 ein. Dieser Arm j_6 greift mit einem Schlitz j_7 an einem Mitnehmer R eines Schlittens j_8 an, der auf einem Schieber j_9 in der Breitenrichtung einstellbar angeordnet ist. Dieser Schieber j_9 bildet einen Teil des Schlittens D und ist für Justierzwecke gegenüber diesem Schlitten in dessen Verschiebungsrichtung einstellbar. Ein Zeiger j_{10} des Schlittens j_8 zeigt an einer Skala j_{11} des Schiebers j_9 die jeweils eingestellte Komponente des Abstandes des Mit-

Tafel IV

Ausführungsform D.

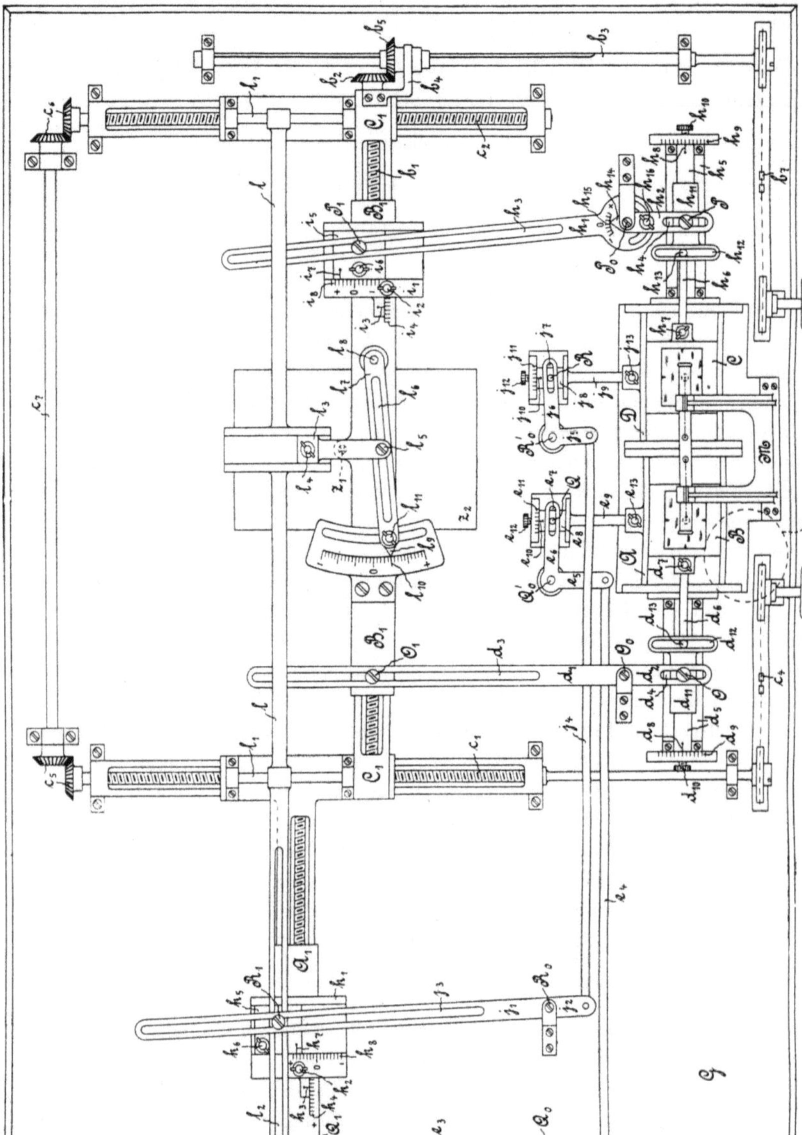

Fig. 14.

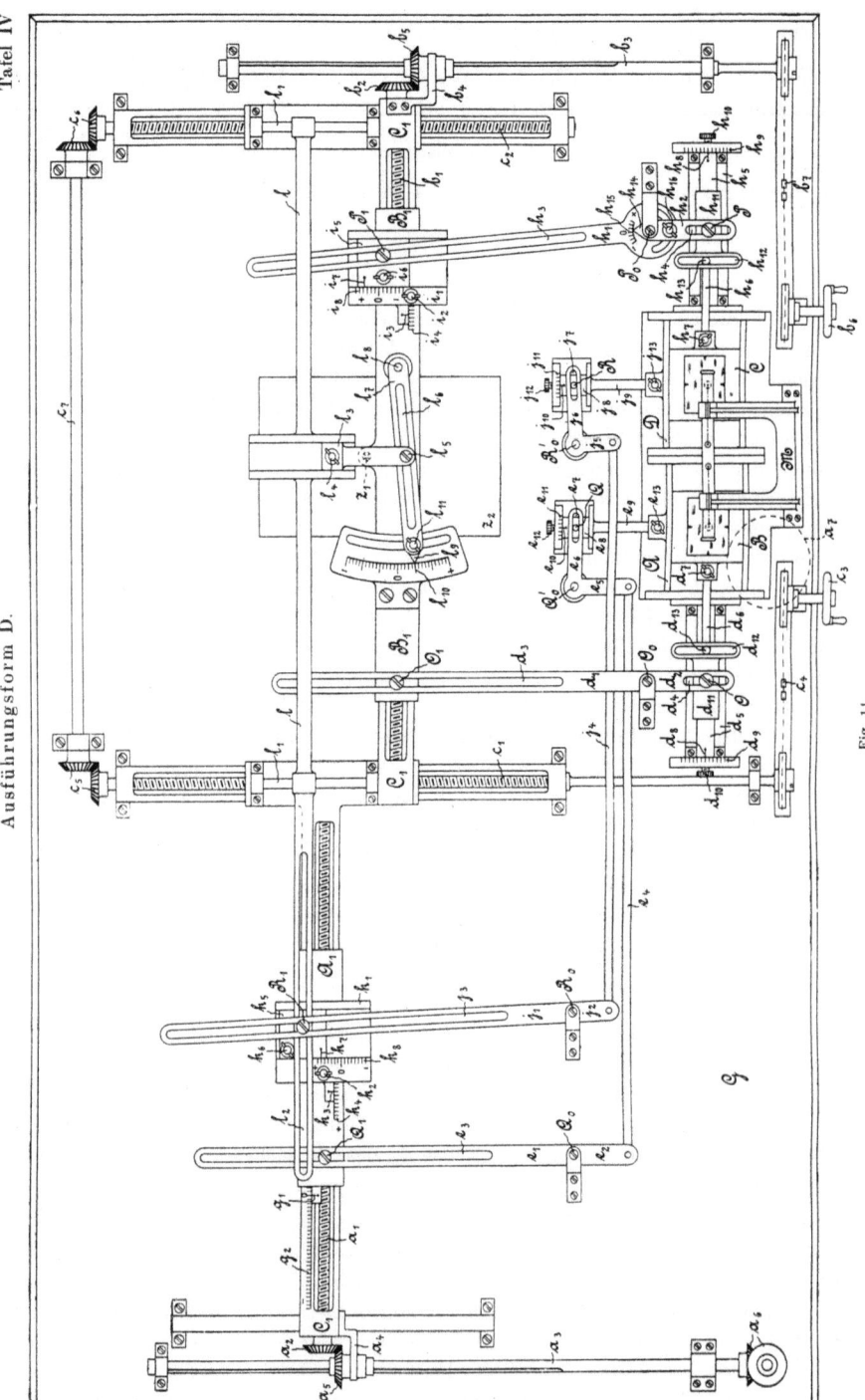

nehmers R von der Drehachse R_0' in der Breitenrichtung an, die den Wert $\frac{f}{\cos\gamma}$ haben muß. Eine Klemmschraube j_{12} dient zum Feststellen des Schlittens j_8 auf dem Schieber j_9, und eine zweite Klemmschraube j_{13} zum Feststellen des Schiebers j_9 auf dem Schlitten D. Wenn im Stereokomparator ein Bildpunkt mit der Ordinate $y_2 = 0$ eingestellt ist, muß sich der Doppelhebel j_1, j_2 in seiner Nullstellung befinden, in der er parallel der Tiefenrichtung ist. Dann ist der Arm j_6 des Winkelhebels j_5, j_6 parallel der Breitenrichtung, der Zeiger g_1 zeigt an der Skala g_2 den im Kopiermaßstab gemessenen Wert $b \sin\varepsilon$ an, und der Zeichenstift z_1 gibt auf dem Zeichenbrett z_2 einen Objektpunkt mit der Koordinate $Y_1 = b \sin\varepsilon$ an.

Eingestellt ist der Apparat wie in Fig. 12 (Tafel III) für den Schnittpunkt der linken Objektivachse mit der die rechte Objektivachse enthaltenden Lotebene. Beim Gebrauch des Apparates müssen außer der Klemmschraube k_6 sämtliche Klemmschrauben angezogen sein. Die Handhabung gestaltet sich dadurch, daß der Handantrieb des Schlittens D wegfällt, einfacher als bei der Ausführungsform A angegeben ist[1])

Im Falle der Ausführungsform B wäre zum Zwecke der selbsttätigen Einstellung des Schlittens D die Gleichung

$$\frac{y_2}{f} = \frac{Y_1 - b\sin\varepsilon}{Z_1 + b\sin\alpha\cos\varepsilon} \qquad \text{IV c)}$$

selbsttätig aufrechtzuerhalten. Dabei müßte der Mitnehmer R_1 wie in Fig. 14 durch das Kreuzschlittensystem k_1, k_5 des Schlittens A_1 einstellbar sein. Die beschriebene Kupplung des Mitnehmers R_1 mit dem Schlitten B_1 wäre nicht erforderlich, da y_2 von X_1 unabhängig ist.

Im Falle der Ausführungsform A wäre zum Zwecke der selbsttätigen Einstellung des Schlittens D die Gleichung

$$\frac{y_2}{f} = \frac{Y_1 - b\sin\varepsilon}{Z_1} \qquad \text{IV b)}$$

selbsttätig aufrechtzuerhalten. Da bei dieser Gleichung nur im Zähler der rechten Seite ein unveränderliches Zusatzglied auftritt, so wäre außer der Kupplung des Mitnehmers R_1 mit dem Schlitten B_1 auch noch der in der Tiefenrichtung einstellbare Schlitten k_5 der Fig. 14 entbehrlich. Der Mitnehmer brauchte nur durch den in der Breitenrichtung verschieblichen Schlitten k_1 einstellbar sein.

In diesen beiden Fällen entspricht die Kupplung des Schlittens A_1 mit dem Schlitten D also genau der Kupplung des Schlittens B_1 mit dem Schlitten C, wie aus dem gleichen Aufbau der Gleichungen IVb und IIIb, bzw. IVc und IIIc, von vornherein hätte geschlossen werden können.

---

[1]) Eine der Gleichung IVf entsprechende Ausführungsform würde sich von der soeben behandelten dadurch unterscheiden, daß die beschriebene Kupplung des Mitnehmers R_1 mit dem Schlitten B_1 entfällt und daß an ihre Stelle eine Kupplung des Mitnehmers R mit dem Schlitten C tritt, dergestalt, daß der Mitnehmer beim Verschieben von C um x_2 eine Verschiebung um $x_2 \sin\gamma$ in der entgegengesetzten Richtung erfährt.

(Fortsetzung folg.t)

Sonder-Abdruck

aus der

„Zeitschrift für Instrumentenkunde“. 41. S. 33–60. 1921.

Verlag von Julius Springer, Berlin W.

Nachdruck verboten.

Der v. Orel-Zeissische Stereoautograph und neue Vorschläge für seine weitere Ausgestaltung.

Von

Dr. Ing. **Willy Sander.**

(Mitteilung aus der optischen Anstalt von Carl Zeiss, Jena.)

(Fortsetzung von Seite 27.)

II. Der Stereoautograph zur Auswertung von Bildplatten, die mit Objektiven von nicht horizontaler und beliebiger gegenseitiger Achsenrichtung gewonnen sind.

A. Handantrieb des Vertikalparallaxenschlittens D.

Bei einem Stereoautographen, der zur Auswertung von Bildplatten geeignet sein soll, die mit Objektiven von nicht horizontaler und beliebiger gegenseitiger Achsenrichtung gewonnen sind (beliebig dabei mit der Einschränkung verstanden, daß ein stereoskopischer Effekt überhaupt zustande kommt), muß das Kreuzschlittensystem A_1, B_1, C_1 zwangläufig so mit dem Stereokomparator A, B, C, D verbunden sein, daß beim Kopieren die folgenden Gleichungen aufrechterhalten werden.

$$\frac{x_1}{f} = \frac{X_1}{Y_1 \sin\beta_1 + Z_1 \cos\beta_1} \tag{I}$$

$$\frac{y_1}{f} = \frac{Y_1 \cos\beta_1 - Z_1 \sin\beta_1}{Y_1 \sin\beta_1 + Z_1 \cos\beta_1} \tag{II}$$

$$\frac{x_2}{f} = \frac{X_1 \cos\gamma - Z_1 \sin\gamma + b \cos\varepsilon \cos(\alpha + \gamma)}{X_1 \cos\beta_2 \sin\gamma + Y_1 \sin\beta_2 + Z_1 \cos\beta_2 \cos\gamma + b[\cos\beta_2 \cos\varepsilon \sin(\alpha+\gamma) - \sin\beta_2 \sin\varepsilon]} \tag{III}$$

$$\frac{y_2}{f} = \frac{-X_1 \sin\beta_2 \sin\gamma + Y_1 \cos\beta_2 - Z_1 \sin\beta_2 \cos\gamma - b[\sin\beta_2 \cos\varepsilon \sin(\alpha+\gamma) + \cos\beta_2 \sin\varepsilon]}{X_1 \cos\beta_2 \sin\gamma + Y_1 \sin\beta_2 + Z_1 \cos\beta_2 \cos\gamma + b[\cos\beta_2 \cos\varepsilon \sin(\alpha+\gamma) - \sin\beta_2 \sin\varepsilon]}. \tag{IV}$$

Wie im Falle horizontaler Objektivachsen genügt es auch hierbei, wenn nur die Beziehungen, die durch die ersten drei dieser Gleichungen ausgedrückt sind, selbsttätig aufrechterhalten werden und wenn dabei die gleiche gegenseitige Verstellung, die die linke Bildplatte in ihrer Höhenrichtung gegenüber dem Mikroskop M erfährt, zwangläufig auch für die rechte Bildplatte vorgesehen wird. Es muß dann wiederum der rechten Bildplatte in ihrer Höhenrichtung eine Verstellung von Hand um $y_2 - y_1$ erteilt werden, die nur gelegentlich vorgenommen zu werden braucht, um den stereoskopischen Effekt aufrechtzuerhalten.

Die Bedingung der Aufrechterhaltung der Gleichungen I bis III wird durch mehrere Lösungen erfüllt, deren jeder eine zweckmäßige Umformung dieser Gleichungen zugrunde liegt. Die Lösungen sollen in derjenigen Reihenfolge besprochen werden, in der sie vom Verfasser gefunden worden sind.

a) Ausführungsform *E* (Lösung 1).

(D. R. P. 301 289 vom 26. Mai 1914.)

Die Ausführungsform *E* des Stereoautographen beruht auf den folgendermaßen umgewandelten Gleichungen I bis III.

$$\frac{x_1}{\dfrac{f}{\cos\beta_1}} = \frac{X_1}{Y_1 \operatorname{tg}\beta_1 + Z_1} \qquad \text{If)}$$

$$\frac{y_1}{f} = \frac{Y_1\cos\beta_1 - Z_1\sin\beta_1}{Y_1\sin\beta_1 + Z_1\cos\beta_1} \text{ (identisch mit II)} \qquad \text{IIf)}$$

$$\frac{x_2}{\dfrac{f}{\cos\beta_2}} = \frac{X_1\cos\gamma - Z_1\sin\gamma + b\cos\varepsilon\cos(\alpha+\gamma)}{X_1\sin\gamma + Y_1\operatorname{tg}\beta_2 + Z_1\cos\gamma + b\,[\cos\varepsilon\sin(\alpha+\gamma) - \operatorname{tg}\beta_2\sin\varepsilon]}. \qquad \text{IIIf)}$$

Während an die bisher beschriebenen Ausführungsformen die Anforderung gestellt war, daß sie zum Aufzeichnen beliebiger Linien der Oberfläche des aufgenommenen Objektes verwendbar sein sollten, soll von der Ausführungsform *E* nur verlangt werden, daß sie das Aufzeichnen von Höhenschichtenlinien gestattet. Da für ein und dieselbe Höhenschichtenlinie die Koordinate Y_1 unveränderlich ist, so können diejenigen Glieder der Gleichungen If bis IIIf, die Y_1 enthalten, für ein und dieselbe Höhenschichtenlinie als unveränderlich angenommen werden. Für jede andere Höhenschichtenlinie haben diese Glieder jedoch andere Werte, so daß vor dem Aufzeichnen jeder neuen Höhenschichtenlinie eine Neueinstellung derjenigen Einzelteile des Stereoautographen nötig ist, die gemäß diesen Gliedern einzustellen sind.

Die Konstruktion der Ausführungsform *E* wird aus Fig. 15 (Tafel V) ersichtlich. Sie schließt sich an die in Fig. 12 (Tafel III) dargestellte Konstruktion der Ausführungsform *C* an, die auf den Gleichungen Id bis IIId beruht. Doch ist der Stereokomparator wie in Fig. 10 (Tafel I) so ausgebildet, daß der Schlitten *A* das Mikroskop *M* trägt und daß die beiden Schlitten *B* und *C* nebeneinander auf einer gemeinsamen Führung gleiten. Infolgedessen sind die als Träger der Mitnehmer *O* und *P* dienenden Schlitten d_5 und h_5 wie in Fig. 10 unmittelbar auf den Schiebern d_6 und h_6 einstellbar angeordnet und ist die Skala q_2 wie in Fig. 10 gerichtet.

Damit die Gleichung If beim Kopieren selbsttätig erfüllt wird, muß die in die Tiefenrichtung fallende Komponente des Abstandes des Mitnehmers O_1 von der Drehachse O_0, die in Fig. 12 (Tafel III), entsprechend der Gleichung Id, den Wert Z_1 hat, jetzt, entsprechend der Gleichung If, den Wert $Y_1 \operatorname{tg}\beta_1 + Z_1$ annehmen, wobei $Y_1 \operatorname{tg}\beta_1$ sich nach der an der Skala g_2 angezeigten Koordinate Y_1 richtet. Demzufolge wird der Mitnehmer O_1 nicht mehr unmittelbar auf dem Schlitten B_1, sondern auf einem Schlitten m_1 angebracht, der auf dem Schlitten B_1 in der Tiefenrichtung einstellbar angeordnet ist und auf diesem Schlitten durch eine Klemmschraube m_2 festgestellt werden kann. Ein Zeiger m_3 des Schlittens m_1 zeigt an einer Skala m_4 des Schlittens B_1 denjenigen Wert an, um den der Schlitten m_1 aus seiner Nullstellung verschoben ist. Diese Verschiebung muß, entsprechend der Gleichung If, den im Kopier-

Tafel V.

Ausführungsform E.

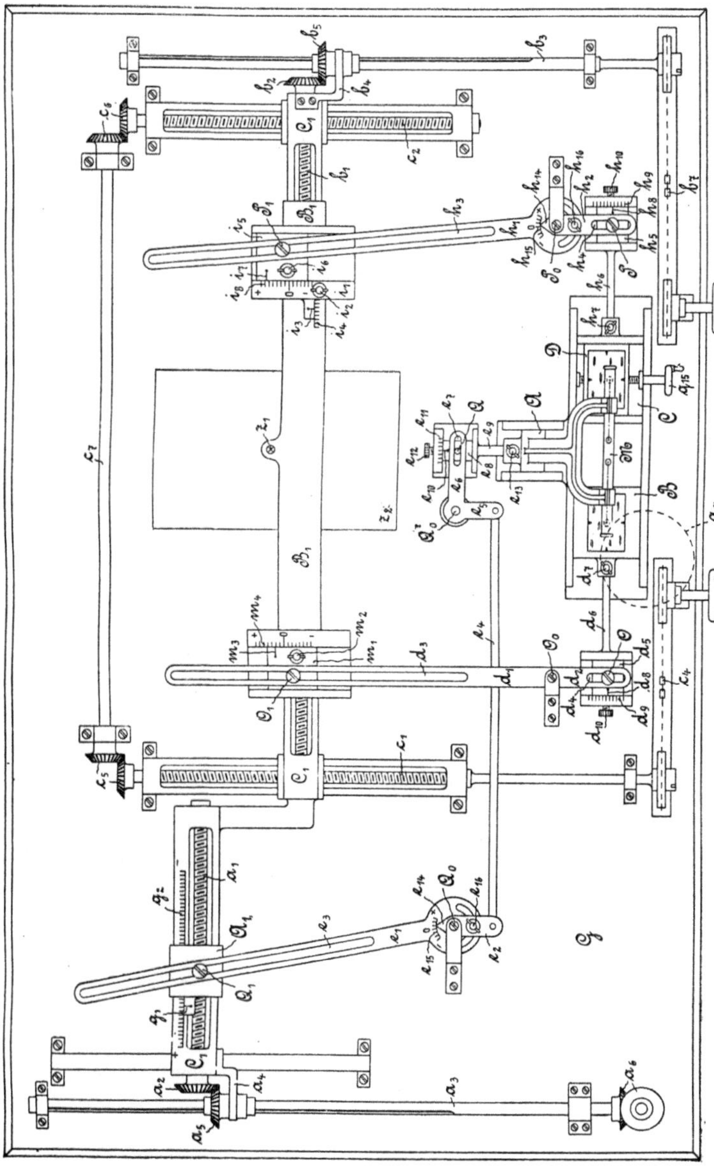

Fig. 15.

maßstab gemessenen Wert $Y_1 \operatorname{tg} \beta_1$ annehmen. Die Nullstellung ist dadurch bestimmt, daß für $Y_1 \operatorname{tg} \beta_1 = 0$ die in die Tiefenrichtung fallende Komponente des Abstandes des Mitnehmers O_1 von der Drehachse O_0 gleich der entsprechenden Komponente (Z_1) des Abstandes des Mitnehmers Q_1 von der Drehachse Q_0 sein muß. Der Richtungssinn der Verschiebung ergibt sich daraus, daß bei positivem $Y_1 \operatorname{tg} \beta_1$ der Abstand des Mitnehmers O_1 von der Drehachse O_0 größer sein muß als für $Y_1 \operatorname{tg} \beta_1 = 0$. Die in die Tiefenrichtung fallende Komponente des Abstandes des Mitnehmers O von der Drehachse O_0, die in Fig. 12 (Tafel III), entsprechend der Gleichung Id, den Wert f hat, muß jetzt, entsprechend der Gleichung If, den Wert $\frac{f}{\cos \beta_1}$ annehmen. Diesen Wert muß der Zeiger d_8 des Schlittens d_5 an der Skala d_9 des Schiebers d_6 anzeigen. Wenn im Stereokomparator ein Bildpunkt mit der Abszisse $x_1 = 0$ eingestellt ist, muß sich der Doppelhebel $d_1\, d_2$ in seiner Nullstellung befinden, in der er parallel der Tiefenrichtung ist. In diesem Falle gibt der Zeichenstift z_1 auf dem Zeichenbrett z_2 einen Objektpunkt mit der Koordinate $X_1 = 0$ an.

Damit die Gleichung IIf beim Kopieren selbsttätig aufrechterhalten wird, werden die Arme e_1 und e_2 des die Schlitten A_1 und A verbindenden Doppelhebels e_1, e_2 der Figur 12 (Tafel III) in ihrer Drehebene gegeneinander einstellbar gemacht und so eingestellt, daß sie, vom langen Arm e_1 aus im Uhrzeigersinn gerechnet, den Winkel $180 + \beta_1$ miteinander einschließen. Dabei wird der Winkel β_1 durch einen Zeiger e_{14} des Armes e_2 an einer im Uhrzeigersinn zunehmenden Gradteilung e_{15} des Armes e_1 angezeigt. Eine Klemmschraube e_{16} dient dazu, die beiden Arme gegeneinander festzustellen. Die in die Breitenrichtung fallende Komponente des Abstandes des Mitnehmers Q von der Drehachse Q'_0 muß wie in Fig. 12 den Wert f haben. Wenn im Stereokomparator ein Bildpunkt mit der Ordinate $y_1 = 0$ eingestellt ist, so muß sich der Doppelhebel $e_1\, e_2$ in seiner Nullstellung befinden, in der sein Arm e_2 parallel der Tiefenrichtung, und sein Arm e_1 um den Winkel β_1 gegen die Tiefenrichtung geneigt ist. Dann ist der Arm e_6 des Winkelhebels $e_5\, e_6$ parallel der Breitenrichtung, der Zeiger g_1 zeigt an der Skala g_2 den im Kopiermaßstab gemessenen Wert $Z_1 \operatorname{tg} \beta_1$ an, und der Zeichenstift z_1 gibt auf dem Zeichenbrett z_2 einen Objektpunkt mit der Koordinate $Y_1 = Z_1 \operatorname{tg} \beta_1$ an.

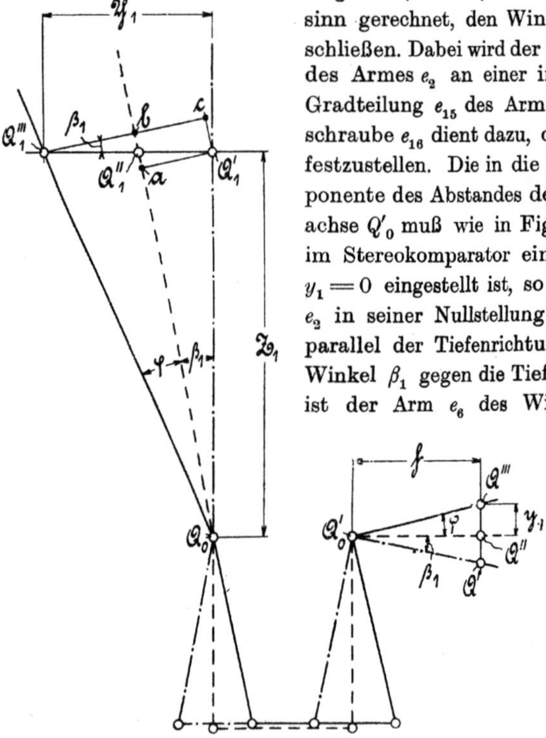

Fig. 16.

Die beschriebene Verbindung der Schlitten A_1 und A ist nicht an die Bedingung geknüpft, daß vor dem Aufzeichnen jeder neuen Höhenlinie eine Neueinstellung vorzunehmen ist. Sind die Arme gemäß dem Winkel β_1 eingestellt, so kann der Schlitten A_1 beliebig verschoben werden, die Gleichung IIf wird immer richtig erfüllt. Der Beweis dafür folgt aus Fig. 16. Darin ist das Hebelsystem e_1, e_2, e_4, e_5, e_6 in drei Stellungen gezeichnet, deren jeder eine Einstellung des Apparates für einen Objektpunkt mit den von Null abweichenden Koordinaten X_1 und Z_1 zugrunde liegt. Die durch strichpunktierte Linien angedeutete Stellung entspricht der Einstellung eines Objektpunktes mit der Koordinate $Y_1 = 0$. Die durch gestrichelte Linien angedeutete Stellung ist die Nullstellung des Systems, die der Einstellung eines Objektpunktes mit der Koordinate $Y_1 = Z_1 \operatorname{tg} \beta_1$ entspricht, zu der die Plattenkoordinate $y_1 = 0$ gehört. Die durch ausgezogene Linien angedeutete Stellung entspricht der Einstellung eines Objektpunktes mit der von Null abweichenden Koordinate Y_1 und der zugehörigen Plattenkoordinate y_1. Mit den eingeschriebenen Bezeichnungen folgt dann aus der Figur, wenn man noch von Q_1' und Q_1''' Senkrechte auf $Q_0 Q_1''$ fällt, und wenn man ferner durch Q_1' zu $Q_0 Q_1''$ eine Parallele zieht:

$$\begin{aligned}\operatorname{tg} \varphi &= \frac{y_1}{f} = \frac{\overline{Q_1''' b}}{\overline{Q_0 b}} \\ &= \frac{\overline{Q_1''' c} - \overline{b c}}{\overline{a b} + \overline{Q_0 a}} = \frac{\overline{Q_1''' c} - \overline{Q_1' a}}{\overline{Q_1' c} + \overline{Q_0 a}} \\ &= \frac{Y_1 \cos \beta_1 - Z_1 \sin \beta_1}{Y_1 \sin \beta_1 + Z_1 \cos \beta_1},\end{aligned}$$

was zu beweisen war.

Die Gleichung IIIf läßt sich durch die gleiche Verbindung der Schlitten B_1 und C selbsttätig aufrechterhalten wie in Fig. 12 (Tafel III). Nur müssen die Schlitten h_5, i_1 und i_5 anders eingestellt werden. Da die in die Tiefenrichtung fallende Komponente des Abstandes des Mitnehmers P von der Drehachse P_0, die in Fig. 12 entsprechend der Gleichung IIId, den Wert f hat, jetzt, entsprechend der Gleichung IIIf, den Wert $\frac{f}{\cos \beta_2}$ annehmen muß, ist der Schlitten h_5 so einzustellen, daß sein Zeiger h_8 an der Skala h_9 des Schiebers h_6 diesen Wert $\frac{f}{\cos \beta_2}$ anzeigt. Ferner muß diejenige Komponente des Abstandes des Mitnehmers P_1 von der Drehachse P_0, die in die Nullstellungsrichtung des Armes h_1 fällt (welche Richtung, wie bei der Beschreibung von Fig. 12 erörtert ist, um den Winkel γ gegen die Tiefenrichtung geneigt ist) und die in Fig. 12, entsprechend der Gleichung IIId, den Wert

$$X_1 \sin \gamma + Z_1 \cos \gamma + b \cos \varepsilon \sin (\alpha + \gamma)$$

hat, jetzt, entsprechend der Gleichung IIIf, den Wert

$$X_1 \sin \gamma + Y_1 \operatorname{tg} \beta_2 + Z_1 \cos \gamma + b\,[\cos \varepsilon \sin (\alpha + \gamma) - \operatorname{tg} \beta_2 \sin \varepsilon]$$

annehmen. Es ist somit eine zusätzliche Abstandsänderung um $Y_1 \operatorname{tg} \beta_2 - b \operatorname{tg} \beta_2 \sin \varepsilon$ erforderlich, wobei $Y_1 \operatorname{tg} \beta_2$ sich nach der an der Skala g_2 angezeigten Koordinate Y_1 richtet. Demzufolge muß der Schlitten i_1 eine zusätzliche Verschiebung um

$$(Y_1 \operatorname{tg} \beta_2 - b \operatorname{tg} \beta_2 \sin \varepsilon) \sin \gamma,$$

und der Schlitten i_5 eine zusätzliche Verschiebung um

$$(Y_1 \operatorname{tg} \beta_2 - b \operatorname{tg} \beta_2 \sin \varepsilon) \cos \gamma$$

erfahren, so daß die Gesamtverschiebung des Schlittens i_1 aus seiner Nullstellung

$$\begin{aligned}&b \cos \alpha \cos \varepsilon + (Y_1 \operatorname{tg} \beta_2 - b \operatorname{tg} \beta_2 \sin \varepsilon) \sin \gamma \\ &= Y_1 \operatorname{tg} \beta_2 \sin \gamma + b (\cos \alpha \cos \varepsilon - \operatorname{tg} \beta_2 \sin \gamma \sin \varepsilon)\end{aligned}$$

und die Gesamtverschiebung des Schlittens i_5 aus seiner Nullstellung

$$b \sin \alpha \cos \varepsilon + (Y_1 \operatorname{tg} \beta_2 - b \operatorname{tg} \beta_2 \sin \varepsilon) \cos \gamma$$
$$= Y_1 \operatorname{tg} \beta_2 \cos \gamma + b (\sin \alpha \cos \varepsilon - \operatorname{tg} \beta_2 \cos \gamma \sin \varepsilon)$$

beträgt, beide Verschiebungen dabei im Kopiermaßstab gemessen. Die Nullstellung des Doppelhebels h_1, h_2 ist die gleiche wie in Fig. 12 (Tafel III).

Der Beweis dafür, daß bei der beschriebenen Einstellung der Schlitten h_5, i_1 und i_5 die Gleichung IIIf richtig erfüllt wird, folgt aus Fig. 17. Darin ist der Doppelhebel h_1 h_2 in vier Stellungen gezeichnet, deren jeder eine Einstellung des Apparates für einen Objektpunkt mit den von Null abweichenden Koordinaten Y_1 und Z_1 zugrunde liegt. Die durch strichpunktierte Linien angedeutete Stellung entspricht der Einstellung eines Objektpunktes mit der Koordinate

$$X_1 = -[Y_1 \operatorname{tg} \beta_2 \sin \gamma + b (\cos \alpha \cos \varepsilon - \operatorname{tg} \beta_2 \sin \gamma \sin \varepsilon)].$$

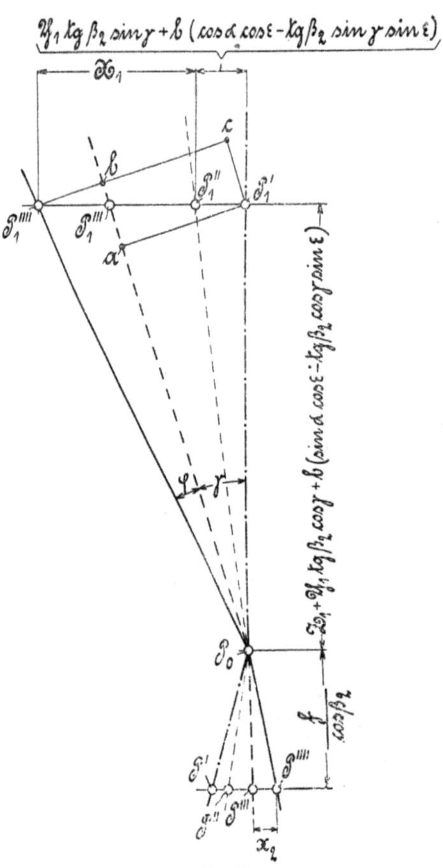

Fig. 17.

Die durch schwach gestrichelte Linien angedeutete Stellung entspricht der Einstellung eines Objektpunktes mit der Koordinate $X_1 = 0$. Die durch stark gestrichelte Linien angedeutete Stellung ist die Nullstellung des Doppelhebels, die der Einstellung eines Objektpunktes entspricht, zu dem die Plattenkoordinate $x_2 = 0$ gehört. Die durch ausgezogene Linien angedeutete Stellung entspricht der Einstellung eines Objektpunktes mit der von Null abweichenden Koordinate X_1 und der zugehörigen Plattenkoordinate x_2. Mit den eingeschriebenen Bezeichnungen folgt dann aus der Figur, wenn man noch von P_1' und P_1'''' Senkrechte auf $P_0 P_1'''$ fällt, und wenn man ferner durch P_1' zu $P_0 P_1'''$ eine Parallele zieht:

$$\operatorname{tg} \varphi = \frac{x_2}{\dfrac{f}{\cos \beta_2}} = \frac{\overline{P_1'''' b}}{\overline{P_0 b}} = \frac{\overline{P_1'''' c} - \overline{b c}}{\overline{P_0 a} + \overline{a b}} = \frac{\overline{P_1'''' c} - \overline{P_1' a}}{\overline{P_0 a} + \overline{P_1' c}}$$

$$= \frac{\begin{array}{l}[X_1 + Y_1 \operatorname{tg} \beta_2 \sin \gamma + b (\cos \alpha \cos \varepsilon - \operatorname{tg} \beta_2 \sin \gamma \sin \varepsilon)] \cos \gamma - \\ [Z_1 + Y_1 \operatorname{tg} \beta_2 \cos \gamma + b (\sin \alpha \cos \varepsilon - \operatorname{tg} \beta_2 \cos \gamma \sin \varepsilon)] \sin \gamma\end{array}}{\begin{array}{l}[Z_1 + Y_1 \operatorname{tg} \beta_2 \cos \gamma + b (\sin \alpha \cos \varepsilon - \operatorname{tg} \beta_2 \cos \gamma \sin \varepsilon)] \cos \gamma + \\ [X_1 + Y_1 \operatorname{tg} \beta_2 \sin \gamma + b (\cos \alpha \cos \varepsilon - \operatorname{tg} \beta_2 \sin \gamma \sin \varepsilon)] \sin \gamma\end{array}}$$

$$= \frac{X_1 \cos \gamma - Z_1 \sin \gamma + b \cos \varepsilon \cos (\alpha + \gamma)}{X_1 \sin \gamma + Y_1 \operatorname{tg} \beta_2 + Z_1 \cos \gamma + b [\cos \varepsilon \sin (\alpha + \gamma) - \operatorname{tg} \beta_2 \sin \varepsilon]},$$

was zu beweisen war.

In Fig. 15 (Tafel V) sind im Stereokomparator die Marken des Mikroskops M auf die Bilder eines Objektpunktes eingestellt, deren Koordinaten die Werte haben

$$x_1 = 0, \; y_1 = 0, \; x_2 = 0,$$

$$y_2 = f \frac{\sin\beta_1 \cos\beta_2 \cos\varepsilon \cos(\alpha+\gamma) - \cos\beta_1 (\cos\alpha \sin\beta_2 \cos\varepsilon + \cos\beta_2 \sin\gamma \sin\varepsilon)}{\sin\beta_1 \sin\beta_2 \cos\varepsilon \cos(\alpha+\gamma) + \cos\beta_1 (\cos\alpha \cos\beta_2 \cos\varepsilon - \sin\beta_2 \sin\gamma \sin\varepsilon)}.$$

Der Zeichenstift z_1 gibt demzufolge auf dem Zeichenbrett z_2 den diesen Bildern entsprechenden Objektpunkt an mit den Koordinaten

$$X_1 = 0$$

$$Y_1 = Z_1 \operatorname{tg}\beta_1 = \frac{b \operatorname{tg}\beta_1 \cos\varepsilon \cos(\alpha+\gamma)}{\sin\gamma}$$

$$Z_1 = \frac{b \cos\varepsilon \cos(\alpha+\gamma)}{\sin\gamma},$$

d. h. dieser Objektpunkt ist der Schnittpunkt der linken Objektivachse mit der die rechte Objektivachse enthaltenden Lotebene.

Denkt man sich in Fig. 15 sämtliche Klemmschrauben angezogen, so kann durch Betätigen der Handräder b_6, c_3 und q_{15} die der Koordinate $Y_1 = Z_1 \operatorname{tg}\beta_1$ entsprechende Höhenschichtenlinie aufgezeichnet werden. Um eine andere, z. B. die einer Koordinate Y_1' entsprechende Höhenschichtenlinie aufzeichnen zu können, ist durch Drehen der Fußscheibe a_7 der Schlitten A_1 so einzustellen, daß sein Zeiger g_1 an der Skala g_2 den im Kopiermaßstab gemessenen Wert Y_1' anzeigt, und sind weiter, nach Lösen der Klemmschrauben m_2, i_2 und i_6, die Schlitten m_1, i_1 und i_5 gemäß dieser Koordinate Y_1' einzustellen, worauf nach Anziehen der Klemmschrauben der Apparat gebrauchsfertig zum Aufzeichnen dieser anderen Höhenlinie ist.

b) Ausführungsform F (Lösung 2).

(D. R. P. 313261 vom 9. Juli 1918).

Wie vorausgesetzt, ist die Verwendung der Ausführungsform E auf das Aufzeichnen von Höhenschichtenlinien beschränkt. Diese Beschränkung hat zwar eine verhältnismäßig einfache Konstruktion der Ausführungsform ermöglicht, wird aber infolge der mit der Konstruktion verbundenen, zur Herabsetzung der Arbeitsleistung führende Forderung, daß vor dem Aufzeichnen jeder neuen Höhenschichtenlinie eine Neueinstellung der Schlitten m_1, i_1 und i_5 vorzunehmen ist, als lästig empfunden. Bei der Ausführungsform F ist daher eine weniger einfache Konstruktion dafür in den Kauf genommen, daß diese Beschränkung wegfällt. Aus den Erläuterungen zu der Ausführungsform E folgt, daß, um von jener Beschränkung frei zu kommen, die Einstellung des Mitnehmers O_1 in der Tiefenrichtung um $Y_1 \operatorname{tg}\beta_1$ und die Einstellung des Mitnehmers P_1 in der Nullstellungsrichtung des Armes h_1 (d. h. in der um den Winkel γ gegen die Tiefenrichtung geneigten Richtung) um $Y_1 \operatorname{tg}\beta_2$ beim Einstellen des Schlittens A_1 selbsttätig erfolgen muß. Es ist also eine Kupplung des Schlittens A_1 mit den Mitnehmern O_1 und P_1 vorzusehen.

Die Konstruktion der Ausführungsform F wird aus Fig. 18 (Tafel VI) ersichtlich. Sie unterscheidet sich von der in Fig 15 (Tafel V) dargestellten Ausführungsform E wesentlich nur durch das Hinzutreten dieser Kupplung. Dabei sind die Mitnehmer O_1 und P_1 aus konstruktiven Gründen nicht unmittelbar mit dem Schlitten A_1 gekuppelt, sondern mit einem Schlitten A_1', der hinter dem Schlitten B_1 auf dem Schlitten C_1 in der Breitenrichtung geradegeführt ist und beim Antrieb

Tafel VI.

Ausführungsform F.

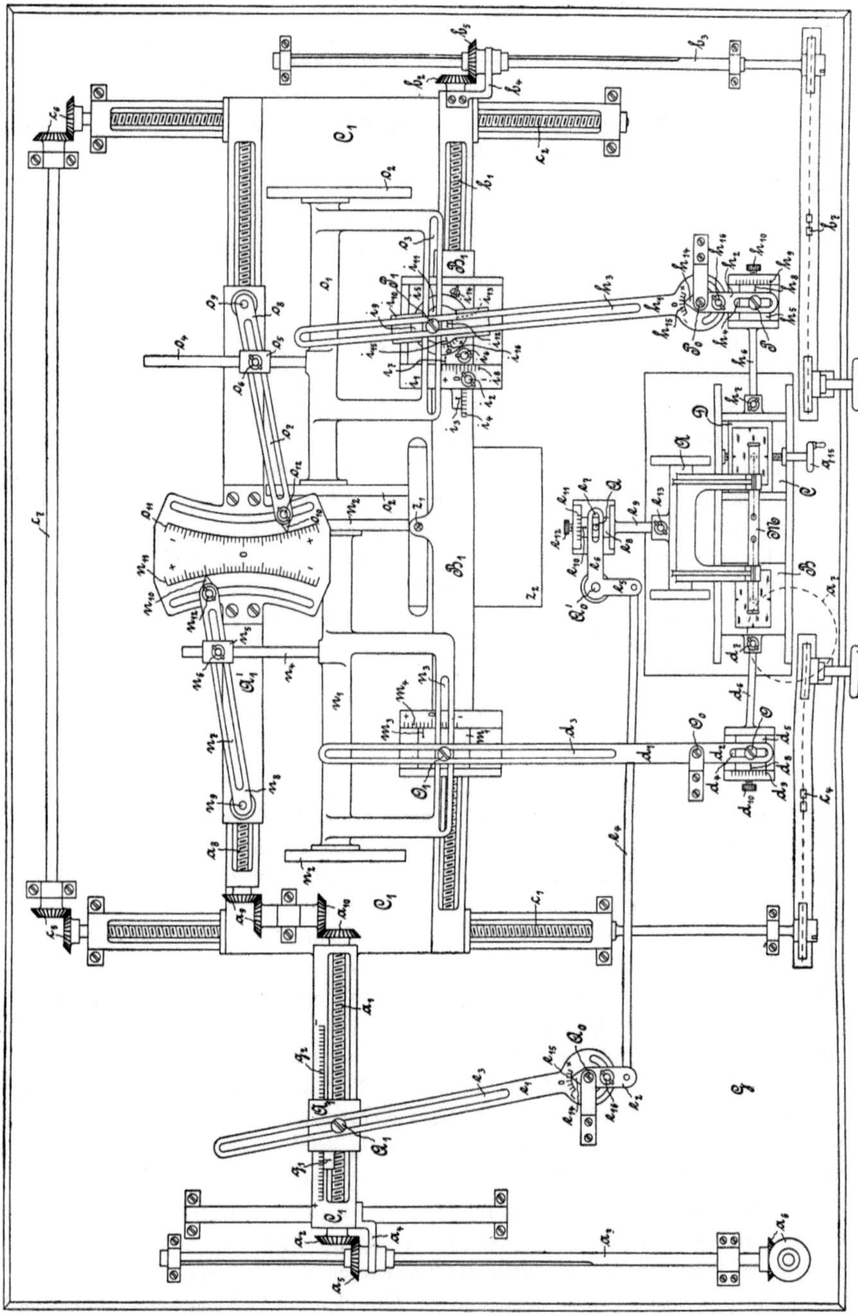

Fig. 18.

des Schlittens A_1 durch eine Gewindespindel a_8 und zwei Kegelräderpaare a_9 und a_{10} von der Gewindespindel a_1 aus eine Verschiebung erfährt, deren Größe und Richtungssinn mit der des Schlittens A_1 übereinstimmt.

Damit der Mitnehmer O_1 beim Verschieben des Schlittens A_1' in der Breitenrichtung um Y_1 die Verschiebung $Y_1 \operatorname{tg} \beta_1$ in der Tiefenrichtung erfährt, und zwar so, daß, wie erforderlich, der Abstand des Mitnehmers O_1 von der Drehachse O_0 bei positivem $Y_1 \operatorname{tg} \beta_1$ größer ist als für $Y_1 \operatorname{tg} \beta_1 = 0$, ist er in ähnlicher Weise mit dem Schlitten A_1' gekuppelt wie in Fig. 14 (Tafel IV) der Mitnehmer R_1 mit dem Schlitten B_1. Auf dem Schlitten C_1 ist ein Schlitten n_1 längs zweier Führungen n_2 in der Tiefenrichtung verschieblich angeordnet, der einerseits einen der Breitenrichtung parallelen Schlitz n_3 aufweist, in den der Mitnehmer O_1 eingreift, und der anderseits einen der Tiefenrichtung parallelen Vierkantzapfen n_4 enthält, längs dessen eine Büchse n_5 einstellbar ist, die durch eine Klemmschraube n_6 auf dem Zapfen n_4 festgestellt werden kann. Diese Büchse n_5 greift mit einem Zapfen, der in der Zeichnung lotrecht unter der Klemmschraube n_6 zu denken ist, in einen Schlitz n_7 eines Hebels n_8 ein, der um einen Zapfen n_9 des Schlittens A_1' drehbar so gelagert ist, daß die Neigung seines Schlitzes n_7 gegen die Breitenrichtung verändert werden kann. Die jeweils eingestellte Neigung, die gleich dem Winkel β_1 zu wählen ist, wird durch einen Zeiger n_{10} des Hebels n_8 an einer entgegen dem Uhrzeigersinn zunehmenden Gradteilung n_{11} des Schlittens A_1' angezeigt. Durch eine Klemmschraube n_{12} kann der Hebel n_8 auf dem Schlitten A_1' festgestellt werden. Die Klemmschraube m_2 des Schlittens m_1 der Figur 15 (Tafel V) ist, da entbehrlich, weggelassen. Die beschriebene Kupplung ist folgendermaßen einzustellen. Der Hebel n_8 ist in diejenige Stellung zu bringen, in der sein Zeiger n_{10} an der Gradteilung n_{11} den Winkel β_1 anzeigt. Der Schlitten A_1' ist in seine Nullstellung überzuführen, in der der Zeiger g_1 des Schlittens A_1 an der Skala g_2 des Schlittens A_1 den Wert Null anzeigt. Der Schlitten m_1 ist bei gelöster Klemmschraube n_6 so einzustellen, daß sein Zeiger m_3 an der Skala m_4 des Schlittens B_1 den Wert Null anzeigt. Die zwangläufige Verbindung des Schlittens A_1' mit dem Mitnehmer O_1 ist durch Anziehung der Klemmschraube n_6 herzustellen.

Damit der Mitnehmer P_1 beim Verschieben des Schlittens A_1' in der Breitenrichtung um Y_1 die Verschiebung $Y_1 \operatorname{tg} \beta_2$ in der um den Winkel γ gegen die Tiefenrichtung geneigten Richtung erfährt, und zwar so, daß, wie erforderlich, der Abstand des Mitnehmers P_1 von der Drehachse P_0 bei positivem $Y_1 \operatorname{tg} \beta_2$ größer ist als für $Y_1 \operatorname{tg} \beta_2 = 0$, ist er nicht mehr unmittelbar auf dem Schlitten i_5 anzuordnen, sondern auf einem Schlitten i_9, der längs einer Geradführung i_{10} eines Drehschlittens i_{11} verschieblich angeordnet ist. In der Nullstellung des Schlittens i_9 liegt der Mitnehmer P_1 in der Achse dieses Drehschlittens. In dieser Stellung des Schlittens i_9 zeigt sein Zeiger i_{12} auf einen Gegenzeiger i_{13} der Geradführung i_{10}. Der Drehschlitten i_{11} ist auf dem Schlitten i_5 drehbar gelagert und kann durch eine Klemmschraube i_{14} auf diesem Schlitten festgestellt werden. Ein Zeiger i_{15} des Drehschlittens zeigt an einer entgegen dem Uhrzeigersinn zunehmenden Gradteilung i_{16} des Schlittens i_5 denjenigen Winkel an, um den der Drehschlitten aus seiner Nullstellung verdreht ist. Diese Verdrehung muß, damit die Verschiebung des Mitnehmers P_1, wie verlangt, in der um den Winkel γ gegen die Tiefenrichtung geneigten Richtung vor sich geht, den Wert γ annehmen. Die Nullstellung ist dadurch bestimmt, daß für $\gamma = 0$ die Geradführung i_{10} parallel der Tiefenrichtung sein muß.

Die Kupplung des Mitnehmers P_1 mit dem Schlitten A_1' ist dann ganz ähnlich der des Mitnehmers O_1 mit dem Schlitten A_1'. Auf dem Schlitten C_1 ist ein Schlitten o_1 längs zweier Führungen o_2 in der Tiefenrichtung verschieblich angeordnet, der einerseits einen der Breitenrichtung parallelen Schlitz o_3 aufweist, in den der Mitnehmer P_1 eingreift, und der anderseits einen der Tiefenrichtung parallelen Vierkantzapfen o_4 enthält, längs dessen eine Büchse o_5 einstellbar ist, die durch eine Klemmschraube o_5 auf dem Zapfen o_4 festgestellt werden kann. Diese Büchse o_5 greift mit einem Zapfen, der in der Zeichnung lotrecht unter der Klemmschraube o_6 zu denken ist, in einen Schlitz o_7 eines Hebels o_8 ein, der um einen Zapfen o_9 des Schlittens A_1' drehbar so gelagert ist, daß die Neigung seines Schlitzes o_7 gegen die Breitenrichtung verändert werden kann. Die jeweils eingestellte Neigung wird durch einen Zeiger o_{10} des Hebels o_8 an einer entgegen dem Uhrzeigersinn zunehmenden Gradteilung o_{11} des Schlittens A_1' angezeigt. Durch eine Klemmschraube o_{12} kann der Hebel auf dem Schlitten A_1' festgestellt werden. Die einzustellende Neigung ergibt sich durch folgende Überlegung. Beim Verschieben des Schlittens A_1' um Y_1 soll der Mitnehmer P_1 in der um den Winkel γ gegen die Tiefenrichtung geneigten Richtung die Verschiebung $Y_1 \operatorname{tg} \beta_2$ erfahren. Die Verschiebung des Mitnehmers in der Tiefenrichtung muß also den Wert $Y_1 \operatorname{tg} \beta_2 \cos \gamma$ annehmen. Bezeichnet man den Neigungswinkel des Schlitzes o_7 gegen die Breitenrichtung mit δ, so muß folglich die Gleichung bestehen

$$\operatorname{tg} \delta = \frac{Y_1 \operatorname{tg} \beta_2 \cos \gamma}{Y_1} = \operatorname{tg} \beta_2 \cos \gamma .$$

Die beschriebene Kupplung ist folgendermaßen einzustellen. Der Hebel o_8 ist in diejenige Stellung zu bringen, in der sein Zeiger o_{10} an der Gradteilung o_{11} den nach jener Gleichung zu berechnenden Winkel δ anzeigt. Der Schlitten A_1' ist in seine Nullstellung überzuführen, in der der Zeiger g_1 des Schlittens A_1 an der Skala g_2 des Schlittens C_1 den Wert Null anzeigt. Der Schlitten i_1 ist so einzustellen, daß sein Zeiger i_3 an der Skala i_4 den im Kopiermaßstab gemessenen Wert b ($\cos\alpha \cos\varepsilon - \operatorname{tg}\beta_2 \sin\gamma \sin\varepsilon$) anzeigt, und der Schlitten i_5 so, daß sein Zeiger i_7 an der Skala i_8 den im Kopiermaßstab gemessenen Wert b ($\sin\alpha \cos\varepsilon - \operatorname{tg}\beta_2 \cos\gamma \sin\varepsilon$) anzeigt (vgl. die Erläuterungen zur Ausführungsform *E*). Der Drehschlitten i_{11} ist in diejenige Lage zu bringen, in der sein Zeiger i_{15} an der Gradteilung i_{16} den Winkel γ anzeigt. Der Schlitten i_9 ist bei gelöster Klemmschraube o_6 so einzustellen, daß sein Zeiger i_{12} auf den Gegenzeiger i_{13} der Geradführung i_{10} hinweist. Durch Anziehen der Klemmschraube o_6 ist alsdann die zwangläufige Verbindung des Schlittens A_1' mit dem Mitnehmer P_1 herzustellen.

Eingestellt ist der Apparat wie in Fig. 15 (Tafel V) für den Schnittpunkt der linken Objektivachse mit der die rechte Objektivachse enthaltenden Lotebene, so daß die Stellung der Doppelhebel d_1, d_2; e_1, e_2 und h_1, h_2 mit der in Fig. 15 gezeichneten übereinstimmt.

Beim Gebrauch des Apparates müssen sämtliche Klemmschrauben angezogen sein. Die Handhabung ist die gleiche, wie bei der Ausführungsform *A* angegeben ist.

Es soll noch bemerkt werden, daß die geforderte Kupplung der Mitnehmer O_1 und P_1 mit dem Schlitten A_1' noch durch eine ganze Reihe anderer Konstruktionen verwirklicht werden kann. In erster Linie ist dabei gedacht an eine Verbindung des Schlittens A_1' mit den Mitnehmern O_1 und P_1 durch Doppelhebel in Verbindung mit

Winkelhebeln. Weiter könnte man auch die Verschiebungsrichtung des Schlittens A_1' in die Tiefenrichtung legen und dadurch eine Vereinfachung der Hebelverbindung erzielen. Zweckmäßig wäre es auch, den seitlichen Schlitten A_1 überhaupt wegfallen zu lassen und den Doppelhebel e_1, e_2 unmittelbar durch den mittleren Schlitten A_1' anzutreiben. Genauere Untersuchungen darüber liegen außerhalb des Rahmens dieser Arbeit.

c) Entwicklung weiterer Lösungen.

Man denke sich, ein Objekt werde sowohl auf eine im Brennweitenabstand f von einem Objektiv o angeordnete, gegen die Lotrechte um den Winkel β geneigte Bildplatte E_1, als auch auf eine im Brennweitenabstand f von diesem Objektiv o befindliche lotrechte Bildplatte E_2 aufgenommen (siehe Fig. 19). Dabei schließen die optischen Achsen ebenfalls den Winkel β miteinander ein. Es sei o_1 der Durchstoßpunkt der zu der geneigten Bildplatte E_1 gehörenden optischen Achse mit dieser geneigten Bildplatte, und es sei o' der Durchstoßpunkt der zu der lotrechten Bildplatte E_2 gehörenden optischen Achse mit dieser lotrechten Bildplatte. Ein Objektpunkt werde auf der geneigten Bildplatte in p_1, auf der lotrechten Bildplatte in p' abgebildet. Der Bildpunkt p_1 hat dann in bezug auf den Durchstoßpunkt o_1 als Koordinatenanfang die Koordinaten $\overline{p_1 m_1} = x$ und $\overline{p_1 n_1} = y$, während die Koordinaten des Bildpunktes p' in bezug auf den Durchstoßpunkt o' als Koordinatenanfang $\overline{p' m'} = x'$ und $\overline{p' n'} = y'$ sind. Die Punkte m_1 und m' liegen auf einer Geraden durch o, die gegen die optische Achse oo_1 um den Winkel φ geneigt ist, und aus der Ähnlichkeit der Dreiecke $o p_1 m_1$ und $o p' m'$ folgt

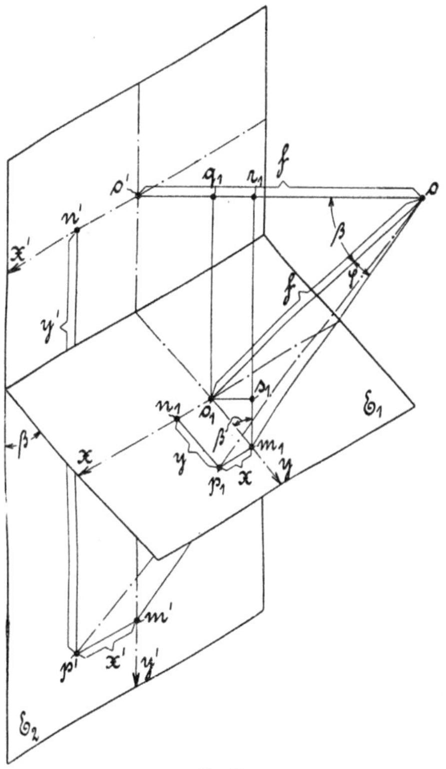

Fig. 19

$$\overline{p' m'} = \overline{p_1 m_1} \frac{\overline{o m'}}{\overline{o m_1}},$$

oder mit den geltenden Bezeichnungen

$$x' = x \frac{\dfrac{f}{\cos(\beta + \varphi)}}{\dfrac{f}{\cos \varphi}} = \frac{x}{\cos \beta - \sin \beta \operatorname{tg} \varphi}.$$

Daraus folgt mit

$$\operatorname{tg} \varphi = \frac{y}{f}$$

$$x' = \frac{x}{\cos \beta - \dfrac{y}{f} \cdot \sin \beta}. \qquad 21)$$

Fällt man von o_1 und m_1 Lote auf oo', die oo' in q_1 und r_1 schneiden, und fällt man weiter von o_1 ein Lot auf $m_1 r_1$, das $m_1 r_1$ in s_1 schneidet, so folgt aus der Figur

$$\overline{o' m'} = \overline{o o'} \frac{\overline{r_1 s_1} + \overline{s_1 m_1}}{\overline{o q_1} - \overline{q_1 r_1}},$$

oder mit den geltenden Bezeichnungen und mit $\overline{r_1 s_1} = \overline{q_1 o_1}$ sowie $\overline{q_1 r_1} = \overline{o_1 s_1}$

$$y' = f \cdot \frac{f \sin\beta + y \cos\beta}{f \cos\beta - y \sin\beta}. \qquad 22)$$

Bei gleichzeitiger Abbildung eines Objektpunktes auf zwei geneigte Bildplatten, also im Falle der stereophotogrammetrischen Aufnahme, ergeben sich dann analog die folgenden Beziehungen zwischen den Koordinaten x_1, y_1, x_2 und y_2 dieser Bildplatten und den entsprechenden Koordinaten x_1', y_1', x_2' und y_2' auf den zugehörigen lotrechten Bildplatten

$$x_1' = \frac{x_1}{\cos\beta_1 - \frac{y_1}{f} \sin\beta_1} \qquad 23)$$

$$y_1' = f \cdot \frac{f \sin\beta_1 + y_1 \cos\beta_1}{f \cos\beta_1 - y_1 \sin\beta_1} \qquad 24)$$

$$x_2' = \frac{x_2}{\cos\beta_2 - \frac{y_2}{f} \sin\beta_2} \qquad 25)$$

$$y_2' = f \frac{f \sin\beta_2 + y_2 \cos\beta_2}{f \cos\beta_2 - y_2 \sin\beta_2}. \qquad 26)$$

Für diese lotrechten Bildplatten bestehen, wenn angenommen wird, daß die gegenseitige Lage der Bildplatten beliebig ist, entsprechend den oben abgeleiteten Gleichungen Id bis IVd, die folgenden Beziehungen zwischen den Plattenkoordinaten x_1', y_1', x_2' und y_2' und den Raumkoordinaten X_1, Y_1 und Z_1

$$\frac{x_1'}{f} = \frac{X_1}{Z_1} \qquad 27)$$

$$\frac{y_1'}{f} = \frac{Y_1}{Z_1} \qquad 28)$$

$$\frac{x_2'}{f} = \frac{X_1 \cos\gamma - Z_1 \sin\gamma + b \cos\varepsilon \cos(\alpha + \gamma)}{X_1 \sin\gamma + Z_1 \cos\gamma + b \cos\varepsilon \sin(\alpha + \gamma)} \qquad 29)$$

$$\frac{y_2'}{f} = \frac{Y_1 - b \sin\varepsilon}{X_1 \sin\gamma + Z_1 \cos\gamma + b \cos\varepsilon \sin(\alpha + \gamma)}. \qquad 30)$$

Setzt man in diesen Gleichungen die aus den Gleichungen 23 bis 26 folgenden Werte für x_1', y_1', x_2' und y_2' ein, so entstehen die folgenden Gleichungen

$$\frac{\dfrac{x_1}{\cos\beta_1 - \frac{y_1}{f} \sin\beta_1}}{f} = \frac{X_1}{Z_1} \qquad 31)$$

$$\frac{f \dfrac{f \sin\beta_1 + y_1 \cos\beta_1}{f \cos\beta_1 - y_1 \sin\beta_1}}{f} = \frac{Y_1}{Z_1} \qquad 32)$$

$$\frac{\dfrac{x_2}{\cos\beta_2 - \dfrac{y_2}{f}\sin\beta_2}}{f} = \frac{X_1\cos\gamma - Z_1\sin\gamma + b\cos\varepsilon\cos(\alpha+\gamma)}{X_1\sin\gamma + Z_1\cos\gamma + b\cos\varepsilon\sin(\alpha+\gamma)} \tag{33}$$

$$\frac{f\,\dfrac{f\sin\beta_2 + y_2\cos\beta_2}{f\cos\beta_2 - y_2\sin\beta_2}}{f} = \frac{Y_1 - b\sin\varepsilon}{X_1\sin\gamma + Z_1\cos\gamma + b\cos\varepsilon\sin(\alpha+\gamma)}. \tag{34}$$

Ein Vorschlag, den Stereoautographen so auszubilden, daß die durch diese vier Gleichungen ausgedrückten Beziehungen aufrecht erhalten werden, ist in einer Eingabe des Topographen Nowatzki, Berlin, an die Firma Zeiss im Juni 1917 angedeutet worden. Der auf diesen Gleichungen beruhende Lösungsgedanke besteht darin, die Koordinaten x_1, y_1, x_2 und y_2 für die geneigten Bildplatten nicht, wie bei den Lösungen 1 und 2 (Ausführungsformen E und F des Stereoautographen), unmittelbar zur Ermittlung der Raumkoordinaten zu benutzen, sondern sie erst auf mechanischem Wege in die Koordinaten für die entsprechenden lotrechten Bildplatten umzuwandeln, und alsdann diese so umgewandelten Koordinaten zur Ermittlung der Raumkoordinaten zu benutzen, wobei dann dieselben Mechanismen verwendbar sind wie im Falle lotrechter Bildplatten. Die Durchführung des Vorschlages würde eine Häufung von Mechanismen erfordern, daher wäre ein präzises Arbeiten in Frage gestellt.

Im Anschluß an den Nowatzkischen Vorschlag gelang es dem Verfasser, weitere Lösungen, die auch konstruktiv nicht allzu verwickelt sind, durch die folgende Überlegung zu finden. Dividiert man die Gleichungen 23 bis 26 durch f, so entstehen die Gleichungen

$$\frac{x_1'}{f} = \frac{x_1}{f\cos\beta_1 - y_1\sin\beta_1} \tag{23a}$$

$$\frac{y_1'}{f} = \frac{f\sin\beta_1 + y_1\cos\beta_1}{f\cos\beta_1 - y_1\sin\beta_1} \tag{24a}$$

$$\frac{x_2'}{f} = \frac{x_2}{f\cos\beta_2 - y_2\sin\beta_2} \tag{25a}$$

$$\frac{y_2'}{f} = \frac{f\sin\beta_2 + y_2\cos\beta_2}{f\cos\beta_2 - y_2\sin\beta_2}. \tag{26a}$$

Mit den Gleichungen 27 bis 30 ergeben sich daraus die folgenden Gleichungen

$$\frac{x_1}{f\cos\beta_1 - y_1\sin\beta_1} = \frac{X_1}{Z_1} \tag{27a}$$

$$\frac{f\sin\beta_1 + y_1\cos\beta_1}{f\cos\beta_1 - y_1\sin\beta_1} = \frac{Y_1}{Z_1} \tag{28a}$$

$$\frac{x_2}{f\cos\beta_2 - y_2\sin\beta_2} = \frac{X_1\cos\gamma - Z_1\sin\gamma + b\cos\varepsilon\cos(\alpha+\gamma)}{X_1\sin\gamma + Z_1\cos\gamma + b\cos\varepsilon\sin(\alpha+\gamma)} \tag{33a}$$

$$\frac{f\sin\beta_2 + y_2\cos\beta_2}{f\cos\beta_2 - y_2\sin\beta_2} = \frac{Y_1 - b\sin\varepsilon}{X_1\sin\gamma + Z_1\cos\gamma + b\cos\varepsilon\sin(\alpha+\gamma)}. \tag{34a}$$

Diese Gleichungen dienen als Grundlage für eine neue Konstruktion des Stereoautographen.

Zunächst soll, wie bei den Ausführungsformen A bis C, sowie E und F des Stereoautographen angenommen werden, daß es genügt, die auf der Erhaltung des stereoskopischen Effektes beruhende Nachstellung der rechten Bildplatte in ihrer

Höhenrichtung durch den Vertikalparallaxenschlitten D des Stereokomparators gelegentlich von Hand vorzunehmen, daß also auf die selbsttätige Aufrechterhaltung der durch die Gleichung 34a ausgedrückten Beziehung verzichtet wird. Es ist dann, wie bei jenen Ausführungsformen, nur erforderlich, die Schlitten A, B und C des Stereokomparators mit dem Kreuzschlittensystem A_1, B_1, C_1 zu kuppeln. Dabei soll wiederum für die rechte Bildplatte in ihrer Höhenrichtung eine selbsttätige gegenseitige Verschiebung der Bildplatte und des Mikroskops um den gleichen Betrag y_1 wie für die linke Bildplatte vorgesehen sein, so daß die Verschiebung von Hand nur noch den Betrag $y_2 - y_1$ anzunehmen braucht. Da, um die durch die Gleichung 33a ausgedrückte Beziehung aufrechtzuerhalten, die erforderliche Einstellung des kurzen Hebelarms des die Schlitten B_1 und C verbindenden Doppelhebels abhängig von y_2 ist, muß diese Einstellung sowohl von jener selbsttätigen gegenseitigen Verschiebung um den Betrag y_1, als auch von jener Verschiebung von Hand um den Betrag $y_2 - y_1$ abgeleitet werden. Dabei können zwei Fälle unterschieden werden, je nachdem jene selbsttätige gegenseitige Verschiebung um den Betrag y_1 durch eine Verschiebung der beiden Bildplatten oder durch eine Verschiebung des Mikroskops zustande kommt. Der erste Fall führt zu der nachfolgend beschriebenen Lösung 3, der Fig. 20 (Tafel VII) der Zeichnung entspricht. Der zweite Fall ist durch die Lösung 4 dargestellt, zu der Fig. 24 (Tafel VIII) gehört.

d) Ausführungsform G (Lösung 3).

(D. R. P. 313261 vom 9. Juli 1918.)

Die Ausführungsform G des Stereoautographen knüpft an die Ausführungsform C an, die zur Auswertung von Bildplatten dient, bei deren Aufnahme die Objektivachsen horizontal und dabei konvergent (divergent) waren (vgl. Fig. 12, Tafel III). Bei beiden Ausführungsformen liegt für den Stereokomparator der Sonderfall vor, daß der Schlitten A die beiden Bildplatten trägt und daß die Schlitten B und C nebeneinander auf einer gemeinsamen Führung des Schlittens A gleiten. Die gegenüber der Ausführungsform C vorzunehmenden Änderungen ergeben sich aus dem Vergleich der Gleichungen 27a bis 33a mit den Gleichungen Id bis IIId. Sie sind aus Fig. 20 (Tafel VIII) ersichtlich.

Damit die Gleichung 27a beim Kopieren selbsttätig aufrechterhalten wird, muß die in die Tiefenrichtung fallende Komponente des Abstandes des Mitnehmers O von der Drehachse O_0, die in Fig. 12, entsprechend der Gleichung Id, den unveränderlichen Wert f hat, jetzt, entsprechend der Gleichung 27a, den mit y_1 veränderlichen Wert $f \cos\beta_1 - y_1 \sin\beta_1$ annehmen. Demzufolge darf der Schlitten d_5 während des Kopierens nicht mehr durch die Klemmschraube d_{10} auf der Grundplatte G festgestellt sein, sondern muß mit dem Schlitten A so gekuppelt werden, daß er, wenn dieser Schlitten aus derjenigen Lage, in der das Mikroskop M auf einen Bildpunkt mit der Ordinate $y_1 = 0$ eingestellt ist, um den Betrag y_1 verschoben wird, eine Verschiebung um $y_1 \sin\beta_1$ erfährt, die bei positivem Wert von $y_1 \sin\beta_1$ so gerichtet ist, daß sie eine Verkleinerung des Abstandes des Mitnehmers O von der Drehachse O_0 bewirkt. Die Verschiebung des Schlittens d_5 muß also, infolge der gewählten Ausbildung des Stereokomparators und infolge der vorgeschriebenen Lage der Bildplatten auf dem Stereokomparator, bei positivem Winkel β_1 der Verschiebung des Schlittens A entgegengesetzt gerichtet sein. Die Kupplung kann in einfacher Weise durch einen Doppelhebel bewirkt werden, dessen Drehachse in bezug auf die Grundplatte G fest angeordnet ist und dessen einer, an dem Schlitten d_5 angreifender Arm eine von dem

Tafel VII.

Ausführungsform G.

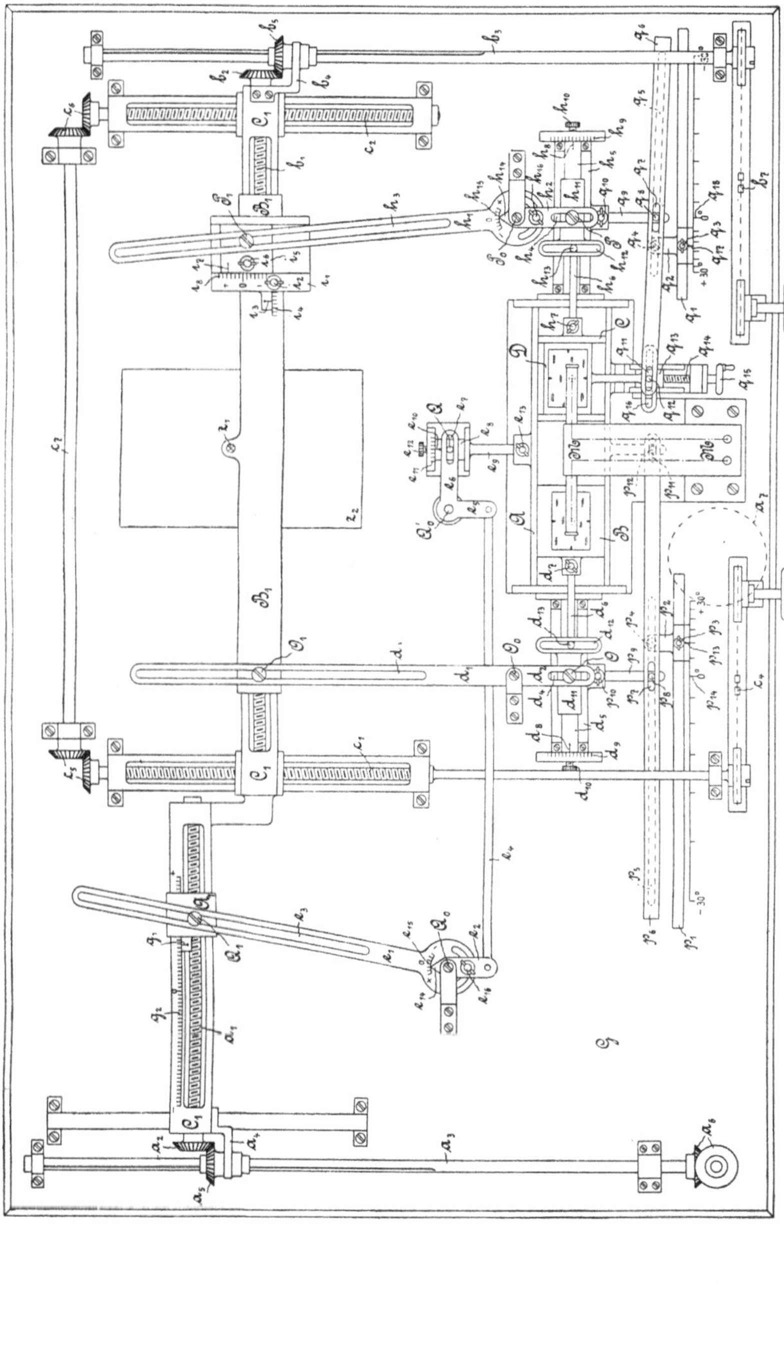

Fig. 20.

Sinus von β_1 abhängige Länge erhält. Abweichend hiervon soll die folgende Anordnung gewählt werden, durch die ein exzentrischer Angriff an dem Schlitten d_5 vermieden wird. In einer der Breitenrichtung parallelen Führungsnut p_1 der Grundplatte G ist ein Schlitten p_2 einstellbar angeordnet, der durch eine Klemmschraube p_3 auf der Grundplatte G festgestellt werden kann. Der Schlitten p_2 trägt einen Drehbolzen p_4, der durch einen Schlitz p_5 des unteren Flansches eines zwei übereinander liegende Flanschen enthaltenden Hebels p_6 hindurchgreift, wobei auf diesem unteren Flansch ein in der Schlitzrichtung einstellbarer Schlitten angeordnet zu denken ist, der mit einer Bohrung ausgestattet ist, durch die der Drehbolzen p_4 ebenfalls, und zwar mit Passung, hindurchgreift, und der auf dem unteren Flansch feststellbar ist. In dem oberen Flansch des Hebels p_6 sind zwei Schlitze angeordnet. In den einen Schlitz p_7 greift ein Mitnehmer p_8 eines Schiebers p_9 ein, der einen Teil des Schlittens d_5 bildet. Dieser Schieber ist für Justierzwecke gegenüber dem Schlitten d_5 in der Tiefenrichtung einstellbar angeordnet und kann durch eine Klemmschraube p_{10} auf dem Schlitten d_5 festgestellt werden. In den anderen Schlitz, p_{11}, greift ein Mitnehmer p_{12} des Schlittens A ein. Durch einen Zeiger p_{13} des Schlittens p_2 wird an einer Skala p_{14} der Grundplatte G die in die Breitenrichtung fallende Komponente des Abstandes des Drehbolzens p_4 von dem Mitnehmer p_8 angezeigt. Wird diese Komponente mit E_1 und die entsprechende Komponente des gegenseitigen Abstandes der beiden Mitnehmer p_8 und p_{12} mit F_1 bezeichnet, so muß, wenn der Schlitten d_5 die oben angegebene Verschiebung erfahren soll, die Gleichung bestehen (vgl. Fig. 21):

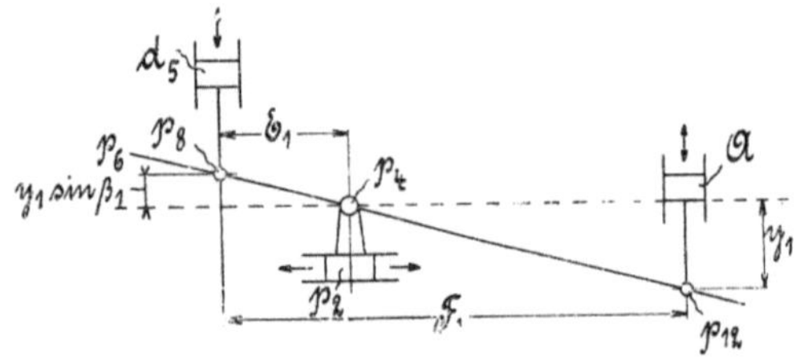

Fig. 21.

$$\frac{E_1}{y_1 \sin \beta_1} = \frac{F_1 - E_1}{y_1}.$$

Daraus folgt für E_1

$$E_1 = F_1 \frac{\sin \beta_1}{1 + \sin \beta_1}. \qquad 35)$$

Ist, wie angenommen, F_1 unveränderlich, so ist E_1 nur veränderlich mit dem Winkel β_1. Es wird also, um wiederholte Ausrechnungen zu vermeiden, die Skala p_{14} nach Winkeln beziffert. Die Berechnung der Teilung der Skala ist nach der Gleichung 35 ohne weiteres möglich. Liegt der Drehbolzen p_4 lotrecht unter dem Mitnehmer p_8, ist also $E_1 = 0$, so befindet sich der Schlitten p_2 in seiner Nullstellung, in der sein Zeiger p_{13} an der Skala p_{14} den Winkel Null anzeigen muß. Nimmt der Drehbolzen eine Stellung zwischen den beiden Mitnehmern p_8 und p_{12} ein, so muß ein positiver Winkel β_1 angezeigt werden.

Damit die Gleichung 27a erfüllt wird, ist die Kupplung folgendermaßen einzustellen. Der Schlitten A ist in seine Nullstellung zu bringen, in der das Mikroskop M auf einen Bildpunkt mit der Koordinate $y_1 = 0$ eingestellt ist. Der Schlitten d_5 ist in diejenige Lage zu bringen, in der sein Zeiger d_8 an der Skala d_9 den Wert $f \cos \beta_1$ anzeigt. Der Schlitten p_2 ist so einzustellen, daß sein Zeiger p_{13} an der Skala p_{14} den Winkel β_1 anzeigt. Werden dann die Klemmschrauben p_3 und p_{10} angezogen, so ist die Kupplung richtig eingestellt. Die Klemmschraube d_{10} muß während des Kopierens gelöst bleiben. Ist im Stereokomparator ein Bildpunkt mit der Abszisse $x_1 = 0$ eingestellt, so muß sich der Doppelhebel d_1, d_2 in seiner Nullstellung befinden, in der er parallel der Tiefenrichtung ist. In diesem Falle gibt der Zeichenstift z_1 auf dem Zeichenbrett z_2 einen Objektpunkt mit der Koordinate $X_1 = 0$ an.

Damit die Gleichung 28a beim Kopieren selbsttätig aufrechterhalten wird, werden die Arme e_1 und e_2 des die Schlitten A_1 und A verbindenden Doppelhebels e_1, e_2 der Fig. 12 (Tafel III), wie bereits bei der Ausführungsform E des Stereoautographen in Fig. 15 (Tafel V) angegeben ist, in ihrer Drehebene gegeneinander einstellbar gemacht. Da jedoch der Schlitten A bei der Ausführungsform G, abweichend von der Ausführungsform E, die beiden Bildplatten trägt, so muß die Skala g_2 des Schlittens C_1 entgegengesetzt (also wie bei der Ausführungsform C in Fig. 12, Tafel III) gerichtet sein und müssen die beiden Arme e_1 und e_2 so eingestellt werden, daß sie, vom langen Arm e_1 aus im Uhrzeigersinn gerechnet, den Winkel $180 - \beta_1$ miteinander einschließen. Die Gradteilung e_{15} des Armes e_1 nimmt also entgegen dem Uhrzeigersinn zu. Die in die Breitenrichtung fallende Komponente des Abstandes des Mitnehmers Q von der Drehachse Q_0' muß wie in Fig. 15 (Tafel V) den Wert f haben. Die Nullstellung des Hebelsystems e_1, e_2; e_4; e_5, e_6 entspricht der in Fig. 15. Der Zeiger g_1 des Schlittens A_1 zeigt an der Skala g_2 wiederum den im Kopiermaßstab gemessenen Wert $Z_1 \operatorname{tg} \beta_1$ an, wobei allerdings, infolge der entgegengesetzten Richtung der Skala g_2, die Neigung des Armes e_1 in bezug auf die Tiefenrichtung der Fig. 15 gegenüber symmetrisch nach der entgegengesetzten Seite angeordnet ist.

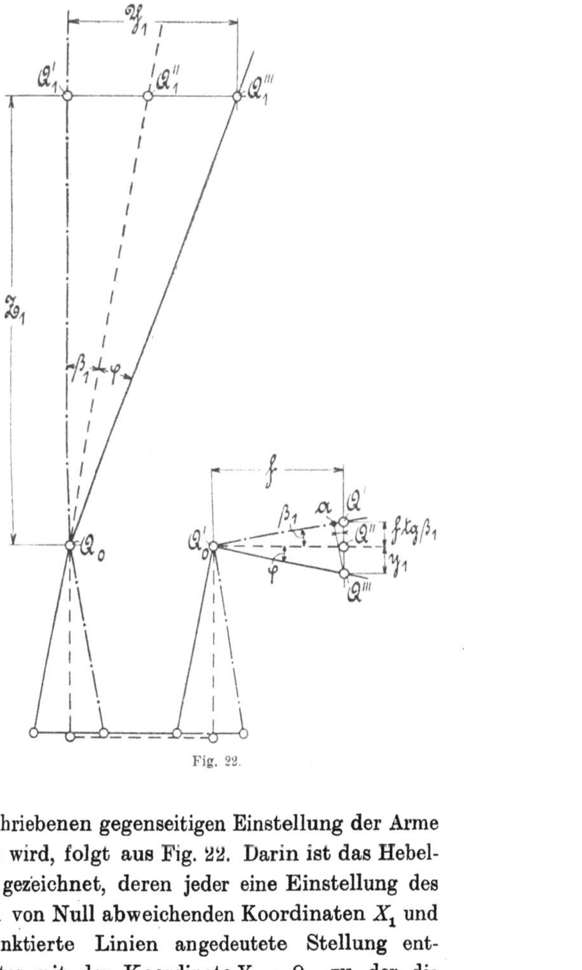

Fig. 22.

Der Beweis dafür, daß bei der beschriebenen gegenseitigen Einstellung der Arme e_1 und e_2 die Gleichung 28a richtig erfüllt wird, folgt aus Fig. 22. Darin ist das Hebelsystem e_1, e_2; e_4; e_5, e_6 in drei Stellungen gezeichnet, deren jeder eine Einstellung des Apparates für einen Objektpunkt mit den von Null abweichenden Koordinaten X_1 und Z_1 zugrunde liegt. Die durch strichpunktierte Linien angedeutete Stellung entspricht der Einstellung eines Objektpunktes mit der Koordinate $Y_1 = 0$, zu der die Plattenkoordinate $y_1 = f \operatorname{tg} \beta_1$ gehört. Die durch gestrichelte Linien angedeutete Stellung ist die Nullstellung des Hebelsystems, die der Einstellung eines Objektpunktes entspricht, zu dem die Plattenkoordinate $y_1 = 0$ gehört. Die durch ausgezogene Linien angedeutete Stellung entspricht der Einstellung eines Objektpunktes mit der von Null abweichenden Koordinate Y_1 und der zugehörigen Plattenkoordinate y_1. Mit den eingeschriebenen Bezeichnungen folgt dann aus der Figur, wenn man noch von Q''' eine Senkrechte auf $Q_0' Q'$ fällt:

$$\operatorname{tg}(\beta_1+\varphi)=\frac{Y_1}{Z_1}=\frac{\overline{Q'''a}}{\overline{Q_0'a}}=\frac{\overline{Q'''a}}{\overline{Q_0'Q'}-\overline{Q'a}}=\frac{(f\operatorname{tg}\beta_1+y_1)\cos\beta_1}{\dfrac{f}{\cos\beta_1}-(f\operatorname{tg}\beta_1+y_1)\sin\beta_1}$$

$$=\frac{f\sin\beta_1+y_1\cos\beta_1}{f\cos\beta_1-y_1\sin\beta_1},$$

was zu beweisen war. (Der Nachweis könnte auch dadurch erbracht werden, daß die Identität der Gleichung 28a mit der Gleichung IIf oder auch mit der Gleichung II festgestellt wird, was durch eine einfache Auflösung ohne weiteres möglich ist.)

Damit die Gleichung 33a beim Kopieren selbsttätig aufrechterhalten wird, muß die in die Tiefenrichtung fallende Komponente des Abstandes des Mitnehmers P von der Drehachse P_0, die in Fig. 12, entsprechend der Gleichung IIId, den unveränderlichen Wert f hat, jetzt, entsprechend der Gleichung 33a, den mit y_2 veränderlichen Wert $f\cos\beta_2 - y_2\sin\beta_2$ annehmen. Demgemäß darf der Schlitten h_5 während des Kopierens nicht mehr durch die Klemmschraube h_{10} auf der Grundplatte G festgestellt sein, sondern muß mit den Schlitten A und D so gekuppelt werden, daß er, wenn der Schlitten A aus derjenigen Lage, in der das Mikroskop M auf einen Bildpunkt mit der Ordinate $y_1 = 0$ eingestellt ist, um den Betrag y_1, und wenn dabei der Schlitten D um den Betrag $y_2 - y_1$ verschoben wird, eine Verschiebung um $y_2\sin\beta_2$ erfährt. Diese Verschiebung des Schlittens h_5 ist bei positivem Wert von $y_2\sin\beta_2$ so gerichtet, daß sie eine Verkleinerung des Abstandes des Mitnehmers P von der Drehachse P_0 bewirkt; sie setzt sich aus zwei Teilverschiebungen zusammen, deren eine der Verschiebung des Schlittens A und deren andere der Verschiebung des Schlittens D entspricht. Infolge der gewählten Ausbildung des Stereokomparators und infolge der vorgeschriebenen Lage der Bildplatten auf dem Stereokomparator muß bei positivem Winkel β_2 jede dieser Teilverschiebungen der sie verursachenden Schlittenverschiebung entgegengesetzt gerichtet sein. Die Kupplung soll in ähnlicher Weise, wie für die linke Bildplatte angegeben ist, angenommen werden. In einer der Breitenrichtung parallelen Führungsnut q_1 der Grundplatte G ist ein Schlitten q_2 einstellbar angeordnet, der durch eine Klemmschraube q_3 auf der Grundplatte G festgestellt werden kann. Der Schlitten q_2 trägt einen Drehbolzen q_4, der durch einen Schlitz q_5 des unteren Flansches eines zwei übereinander liegende Flanschen enthaltenden Hebels q_6 hindurchgreift, wobei auf diesem unteren Flansch ein in der Schlitzrichtung einstellbarer Schlitten angeordnet zu denken ist, der mit einer Bohrung ausgestattet ist, durch die der Drehbolzen q_4 ebenfalls, und zwar mit Passung, hindurchgreift, und der auf dem unteren Flansch feststellbar ist. In dem oberen Flansch des Hebels q_6 sind zwei Schlitze angeordnet. In den einen Schlitz q_7 greift ein Mitnehmer q_8 eines Schiebers q_9 ein, der einen Teil des Schlittens h_5 bildet. Dieser Schieber ist für Justierzwecke gegenüber dem Schlitten h_5 in der Tiefenrichtung einstellbar angeordnet und kann durch eine Klemmschraube q_{10} auf dem Schlitten h_5 festgestellt werden. In den anderen Schlitz q_{11} greift ein Mitnehmer q_{12} eines Schlittens q_{13} ein, der auf dem Schlitten A in dessen Verschiebungsrichtung einstellbar angeordnet ist und durch eine Gewindespindel q_{14} von einem Handrad q_{15} aus angetrieben werden kann. Der Schlitten q_{13} ist so mit dem Schlitten D gekuppelt, daß er nur an den Verschiebungen dieses Schlittens in der Tiefenrichtung teilnimmt (bei Verschiebungen des Schlittens C also seine Lage gegenüber dem Schlitten A beibehält). Zu dem Zweck greift der Mitnehmer q_{12}

noch in eine in der Breitenrichtung liegende Kulisse q_{16} des Schlittens D. Durch einen Zeiger q_{17} des Schlittens q_2 wird an einer Skala q_{18} der Grundplatte G die in die Breitenrichtung fallende Komponente des Abstandes des Drehbolzens q_4 von dem Mitnehmer q_8 angezeigt. Wird diese Komponente mit E_2, und die entsprechende Komponente des gegenseitigen Abstandes der beiden Mitnehmer q_8 und q_{12} mit F_2 bezeichnet, so muß, wenn der Schlitten h_5 die oben angegebene Verschiebung erfahren soll, die Gleichung bestehen (vgl. Fig. 23)

$$\frac{E_2}{y_2 \sin\beta_2} = \frac{F_2 - E_2}{y_2}.$$

Daraus folgt für E_2

$$E_2 = F_2 \frac{\sin\beta_2}{1 + \sin\beta_2}. \qquad 36)$$

Bei unveränderlichem Wert von F_2 ist E_2 nur veränderlich mit dem Winkel β_2. Deshalb wird die Skala q_{18} wie die Skala p_{14} nach Winkeln beziffert. Zur Berechnung ihrer Teilung dient die Gleichung 36. Liegt der Drehbolzen q_4 lotrecht unter dem Mitnehmer q_8, ist also $E_2 = 0$, so befindet sich der Schlitten q_2 in seiner Nullstellung, in der sein Zeiger q_{17} an der Skala q_{18} den Winkel Null anzeigen muß. Nimmt der Drehbolzen eine Stellung zwischen den beiden Mitnehmern q_8 und q_{12} ein, so muß ein positiver Winkel β_2 angezeigt werden.

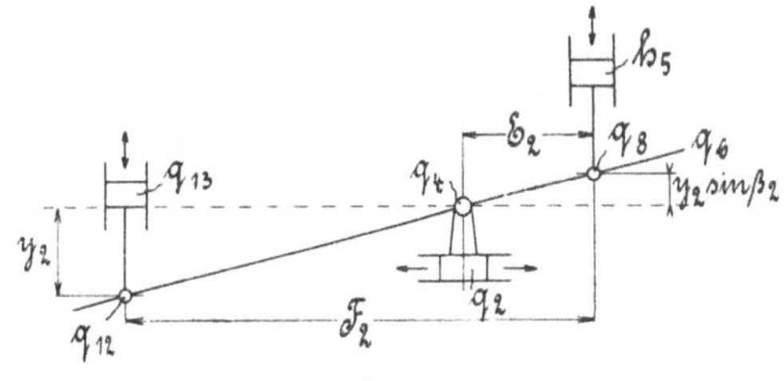

Fig. 23.

Damit die Gleichung 33a erfüllt wird, ist die Kupplung folgendermaßen einzustellen. Der Schlitten A ist in seine Nullstellung zu bringen, in der das Mikroskop M auf einen Bildpunkt mit der Koordinate $y_1 = 0$ eingestellt ist. Auch der Schlitten D ist in seine Nullstellung überzuführen, in der das Mikroskop auf einen Bildpunkt mit der Koordinate $y_2 = 0$ eingestellt ist. Der Schlitten h_5 ist in diejenige Lage zu bringen, in der sein Zeiger h_8 an der Skala h_9 den Wert $f \cos\beta_2$ anzeigt. Der Schlitten q_2 ist so einzustellen, daß sein Zeiger q_{17} an der Skala q_{18} den Winkel β_2 anzeigt. Werden dann die Klemmschrauben q_3 und q_{10} angezogen, so ist die Kupplung richtig eingestellt. Die Klemmschraube h_{10} muß während des Kopierens gelöst bleiben. Die Einstellung der Schlitten i_1 und i_5 und die Einstellung der Arme h_1 und h_2 des Doppelhebels gegeneinander ist, da die rechten Seiten der Gleichungen 33a und IIId übereinstimmen, wie in Fig. 12 (Tafel III) zu wählen. Ist im Stereokomparator ein Bildpunkt mit der Abszisse $x_2 = 0$ eingestellt, so muß sich der Doppelhebel h_1, h_2 in seiner Nullstellung befinden, die der der Fig. 12 entspricht.

Eingestellt ist der Apparat wie in Fig. 15 und 18 (Tafel V und VI) für den Schnittpunkt der linken Objektivachse mit der die rechte Objektivachse enthaltenden Lotebene. Beim Gebrauch müssen außer den Klemmschrauben d_{10} und h_{10} sämtliche Klemmschrauben angezogen sein. Die Handhabung stimmt mit der bei der Ausführungsform A angegebenen überein.

e) Ausführungsform H (Lösung 4).

(D. R. P. 313261 vom 9. Juli 1918).

Die Ausführungsform H des Stereoautographen (vgl. Fig. 24, Tafel VIII) weist gegenüber der Ausführungsform G (vgl. Fig. 20, Tafel VII) lediglich Änderungen auf,

Tafel VIII.

Ausführungsform H.

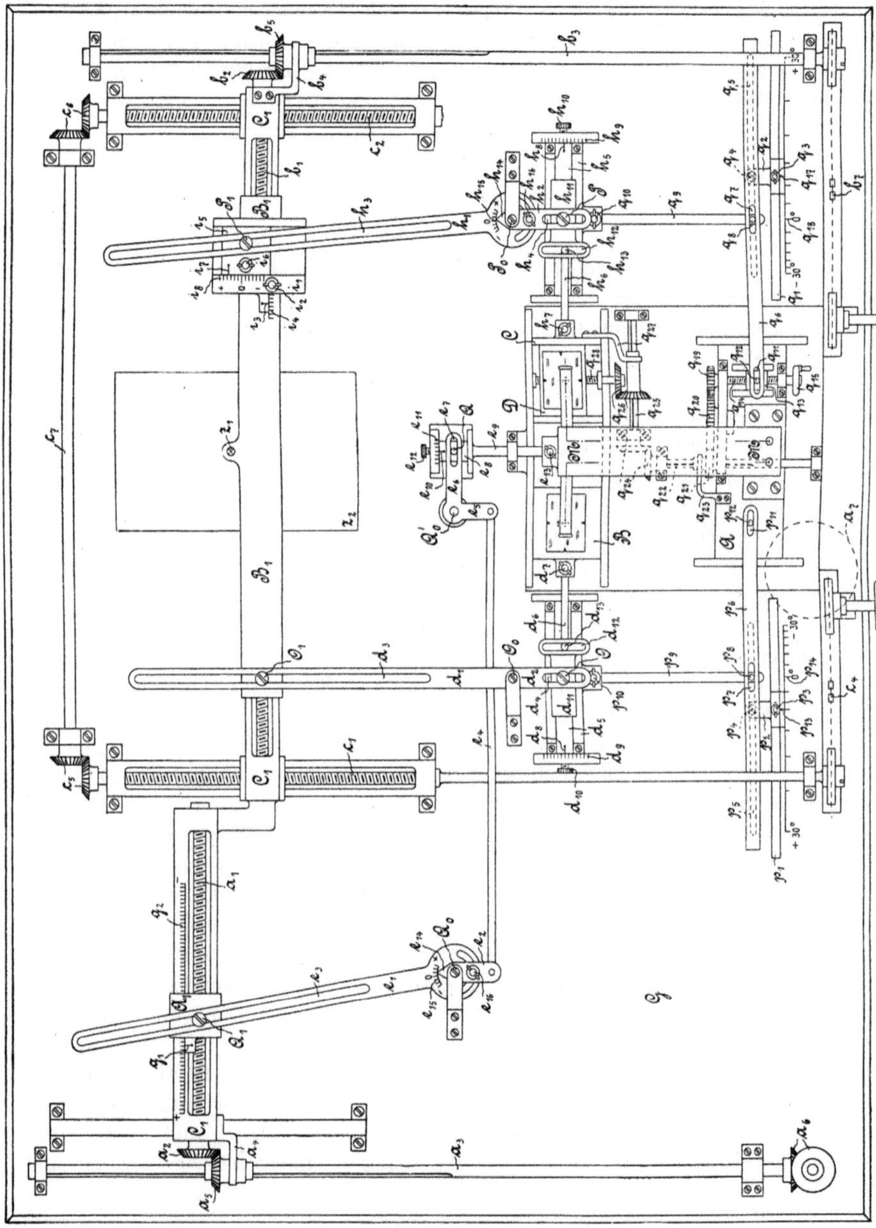

Fig. 21.

die sich dadurch nötig machen, daß der Schlitten A des Stereokomparators statt der beiden Bildplatten das Mikroskop M trägt, daß also das Einstellen eines Bildpunktes die entgegengesetzte Verschiebung des Schlittens A erfordert wie das Einstellen desselben Bildpunktes im Falle der Fig. 20.

Zur selbsttätigen Aufrechterhaltung der Gleichung 27a muß der Schlitten d_5 bei einer Verschiebung des Schlittens A aus seiner Nullstellung um den Betrag y_1 wiederum eine Verschiebung um $y_1 \sin \beta_1$ erfahren, die bei positivem Wert von $y_1 \sin \beta_1$ so gerichtet ist, daß der Abstand des Mitnehmers O von der Drehachse O_0 verkleinert wird. Diese Verschiebung muß aber jetzt, infolge der geänderten Ausbildung des Stereokomparators, bei positivem Winkel β_1 der Verschiebung des Schlittens A gleich gerichtet sein. Die verlangte Verschiebung des Schlittens d_5 kann durch die gleiche Kupplung der Schlitten d_5 und A erzielt werden, wie in Fig. 20 angegeben ist. Nur muß die Größe der in die Breitenrichtung fallenden Komponente des Abstandes des Drehbolzens p_4 von dem Mitnehmer p_8 anders gewählt werden. Bezeichnet man diese Komponente wiederum mit E_1, und die entsprechende Komponente des gegenseitigen Abstandes der beiden Mitnehmer p_8 und p_{12} wiederum mit F_1, so muß jetzt die Gleichung bestehen (vgl. Fig. 25):

$$\frac{E_1}{y_1 \sin \beta_1} = \frac{F_1 + E_1}{y_1},$$

woraus für E_1 folgt

$$E_1 = F_1 \frac{\sin \beta_1}{1 - \sin \beta_1}. \qquad 37)$$

Diese Gleichung dient als Grundlage zur Berechnung der nach Winkeln bezifferten Teilung der Skala p_{14}. Liegt der Drehbolzen p_4 lotrecht unter dem Mitnehmer p_8, ist also $E_1 = 0$, so befindet sich der Schlitten p_2 in seiner Nullstellung, in der sein Zeiger p_{13} an der Skala p_{14} den Winkel Null anzeigen muß. Nimmt der Drehbolzen eine Stellung ein, in der sein Abstand von dem Mitnehmer p_{12} größer ist als der gegenseitige Abstand der

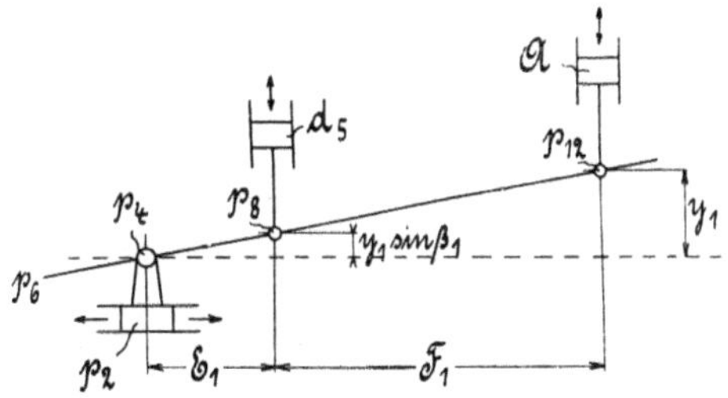

Fig. 25.

beiden Mitnehmer, so muß ein positiver Winkel β_1 angezeigt werden. Die Einstellung der Kupplung hat wie in Fig. 20 (Tafel VII) zu erfolgen. Die Nullstellung des Doppelhebels d_1, d_2 entspricht der in Fig. 20.

Damit die Gleichung 28a beim Kopieren selbsttätig aufrechterhalten wird, ist die gleiche Verbindung zwischen den Schlitten A_1 und A verwendbar, wie in Fig. 20 angegeben ist. Infolge der abweichenden Ausbildung des Stereokomparators müssen jedoch die Arme e_1 und e_2 so eingestellt werden, daß sie, vom langen Arm e_1 aus im Uhrzeigersinn gerechnet, den Winkel $180 + \beta_1$ miteinander einschließen. Es muß ferner die Skala g_2 des Schlittens C_1 entgegengesetzt gerichtet sein, und die Gradteilung e_{15} des Armes e_1 muß im Uhrzeigersinn zunehmen. Die Anordnung ist also die gleiche wie bei der Ausführungsform E in Fig. 15 (Tafel V), bei der für den Stereokomparator der gleiche Sonderfall vorliegt, daß der Schlitten A das Mikroskop trägt. Die Nullstellung des Hebelsystems e_1, e_2, e_4, e_5, e_6 entspricht der in Fig. 15.

Zur selbsttätigen Aufrechterhaltung der Gleichung 33a muß der Schlitten h_5, wenn der Schlitten A aus seiner Nullstellung um den Betrag y_1, und wenn dabei der Schlitten D um den Betrag $y_2 - y_1$ verschoben wird, wiederum eine Verschiebung um $y_2 \sin \beta_2$ erfahren, die bei positivem Wert von $y_2 \sin \beta_2$ so gerichtet ist, daß der Abstand des Mitnehmers P von der Drehachse P_0 verkleinert wird. Es darf aber jetzt infolge der geänderten Ausbildung des Stereokomparators bei positivem Winkel β_2 nur die der Verschiebung des Schlittens D entsprechende Teilverschiebung des Schlittens h_5 der Verschiebung des Schlittens D entgegengesetzt gerichtet sein. Dagegen muß die der Verschiebung des Schlittens A entsprechende Teilverschiebung des Schlittens h_5 die gleiche Richtung haben wie die Verschiebung des Schlittens A. Damit der Schlitten h_5 die verlangte Verschiebung erfährt, muß er wiederum mit den Schlitten A und D gekuppelt werden. Um die Kupplung einfach zu gestalten, so daß die Übertragung der Verschiebungen der Schlitten A und D auf den Schlitten h_5 wie in Fig. 20 (Tafel VII) durch ein gemeinsames Hebelsystem möglich ist, muß entweder die Verschiebung des Schlittens A oder die des Schlittens D in umgekehrtem Sinne übertragen werden. Im ersteren Falle könnte sowohl das in Fig. 20 angegebene Hebelsystem als auch die dort angegebene, zur Einstellung des Drehbolzens q_4 dienende, nach Winkeln bezifferte Skala q_{18} unverändert beibehalten werden. Im zweiten Falle könnte zwar das Hebelsystem der Fig. 20 verwendet werden, doch müßte die Teilung der Skala q_{18} geändert werden. Diesem zweiten Falle soll hier aus konstruktiven Gründen der Vorzug gegeben werden.

Die neue Teilung der Skala q_{18} ergibt sich durch folgende Überlegung. Bezeichnet man die in die Breitenrichtung fallende Komponente des Abstandes des Drehbolzens q_4 von dem Mitnehmer q_8 wiederum mit E_2, und die entsprechende Komponente des gegenseitigen Abstandes der beiden Mitnehmer q_8 und q_{12} wiederum mit F_2, so muß jetzt die Gleichung bestehen (vgl. Fig. 26)

$$\frac{E_2}{y_2 \sin \beta_2} = \frac{F_2 + E_2}{y_2},$$

woraus für E_2 folgt

$$E_2 = F_2 \frac{\sin \beta_2}{1 - \sin \beta_2}. \qquad 38)$$

Diese Gleichung dient als Grundlage zur Berechnung der nach Winkeln bezifferten Teilung der Skala q_{18}. Liegt der Drehbolzen q_4 lotrecht unter dem Mitnehmer q_8, ist also $E_2 = 0$, so befindet sich der Schlitten q_2 in seiner Nullstellung, in der sein Zeiger q_{17} an der Skala q_{18} den Winkel Null anzeigen muß. Nimmt der Drehbolzen eine Stellung ein, in der sein Abstand von dem Mitnehmer q_{12} größer ist als der gegenseitige Abstand der beiden Mitnehmer, so muß ein positiver Winkel β_2 angezeigt werden.

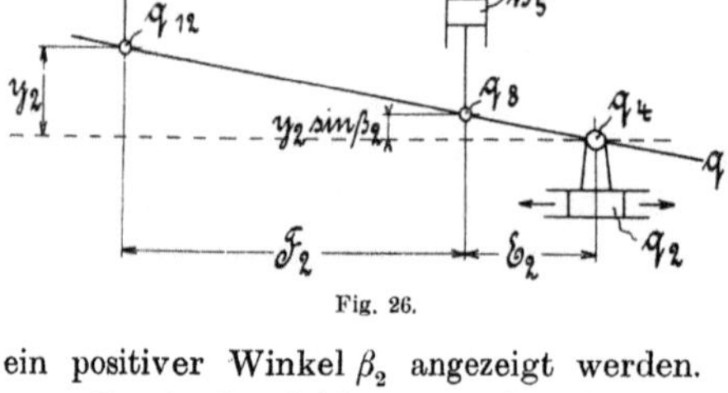

Fig. 26.

Damit der Schlitten q_{13}, der den in den Schlitz q_{11} des Hebels q_6 eingreifenden Mitnehmer q_{12} trägt, beim Verschieben des Schlittens D in der Tiefenrichtung um $y_2 - y_1$, wie erforderlich, eine der Verschiebung dieses Schlittens gleich große aber entgegengesetzt gerichtete Verschiebung gegenüber dem Schlitten A erfährt (ohne daß durch Verschiebungen des Schlittens C hervorgerufene Verschiebungen des Schlittens D

in der Breitenrichtung auf die Einstellung des Schlittens q_{13} Einfluß haben), ist die ihn antreibende, auf dem Schlitten A gelagerte Gewindespindel q_{14} mit Linksgewinde versehen und trägt an ihrem einen Ende ein Zahnrad q_{19}. Dieses steht mit einem an dem Schlitten A gelagerten Zahnrad q_{20} im Eingriff, das in ein drittes Zahnrad, q_{21}, von der gleichen Teilung und Zähnezahl wie das Rad q_{19} eingreift. Dieses dritte Zahnrad ist längs einer auf der Grundplatte G drehbar gelagerten, der Verschiebungsrichtung des Schlittens A parallelen, genuteten Welle q_{22} verschiebbar angeordnet und wird durch einen Mitnehmer q_{23} des Schlittens A von diesem Schlitten mitgenommen. Durch ein Kegelräderpaar q_{24} wird die Drehung der genuteten Welle q_{22} auf eine zweite genutete Welle, q_{25}, übertragen, die auf der Grundplatte G parallel der Breitenrichtung gelagert ist. Ein zweites Kegelräderpaar, q_{26}, dessen eines Rad längs dieser genuteten Welle q_{25} verschiebbar angeordnet ist und durch einen Mitnehmer q_{27} des Schlittens C von diesem Schlitten mitgenommen wird, überträgt die Drehung dieser genuteten Welle q_{25} auf eine den Schlitten D antreibende Gewindespindel q_{28} mit Rechtsgewinde, die auf dem Schlitten C parallel der Tiefenrichtung gelagert ist, derart, daß diese Spindel stets die nach Größe und Richtungssinn gleiche Drehung erfährt wie die genutete Welle q_{22}. Die Einstellung der Kupplung hat wie in Fig. 20 zu erfolgen. Auch entspricht die Nullstellung des Doppelhebels h_1, h_2 der in Fig. 20.

Eingestellt ist der Apparat wie in Fig. 15, 18 und 20 (Tafel V bis VII) für den Schnittpunkt der linken Objektivachse mit der die rechte Objektivachse enthaltenden Lotebene. Beim Gebrauch müssen außer den Klemmschrauben d_{10} und h_{10} sämtliche Klemmschrauben angezogen sein. Die Handhabung stimmt mit der bei der Ausführungsform A angegebenen überein.

B. Selbsttätiger Antrieb des Vertikalparallaxenschlittens D.

Wie die Ausführungsformen A bis C des Stereoautographen zur Auswertung von Bildplatten, die mit Objektiven von horizontaler Achsenrichtung gewonnen sind, können auch die Ausführungsformen E bis H zur Auswertung von Bildplatten, die mit Objektiven von nicht horizontaler und beliebiger gegenseitiger Achsenrichtung gewonnen sind, weiter so ausgebildet werden, daß der Vertikalparallaxenschlitten D selbsttätig eingestellt wird, so daß dann also sämtliche zwischen den Plattenkoordinaten und den Raumkoordinaten bestehenden Beziehungen selbsttätig aufrechterhalten werden. Die einfachste konstruktive Lösung dafür ergibt sich, wenn für den Stereokomparator der Sonderfall der Fig. 9 vorliegt, wenn also das Mikroskop M fest angeordnet ist, und wenn dabei dem Schlitten A nur die Einstellung der linken Bildplatte übertragen ist. Dann ist der Schlitten D nicht, wie bei denjenigen Ausführungsformen, bei denen er von Hand eingestellt werden muß, um $y_2 - y_1$, sondern um y_2 zu verschieben, und es ist also nur nötig, ihn derart mit dem Schlitten A_1 zu kuppeln, daß die zwischen y_2 und den Raumkoordinaten bestehende, durch die Gleichung IV, bzw. durch die Gleichung 34a ausgedrückte Beziehung selbsttätig aufrechterhalten wird.

Am besten zur entsprechenden Weiterbildung geeignet ist die durch Fig. 20 (Tafel VII) dargestellte Ausführungsform G, die auf den Gleichungen 27a bis 33a beruht. Bevor jedoch auf die neue Konstruktion eingegangen werden soll, möge die zur mechanischen Umsetzung wenig geeignete Gleichung 34a noch passend umgeformt werden. Es ergeben sich zwei zweckmäßige neue Gleichungsformen. Die eine entsteht durch eine Division des Zählers und Nenners der rechten Seite der Gleichung 34a durch $\cos\gamma$:

$$\frac{f\sin\beta_2+y_2\cos\beta_2}{f\cos\beta_2-y_2\sin\beta_2}=\frac{\dfrac{Y_1}{\cos\gamma}-\dfrac{b\sin\varepsilon}{\cos\gamma}}{X_1\operatorname{tg}\gamma+Z_1+\dfrac{b\cos\varepsilon\sin(\alpha+\gamma)}{\cos\gamma}}. \qquad 34\text{b)}$$

Die andere entsteht, indem in die Gleichung 34a für X_1 der aus der Gleichung 33a folgende Wert

$$X_1=\frac{(f\cos\beta_2-y_2\sin\beta_2)[b\cos\varepsilon\cos(\alpha+\gamma)-Z_1\sin\gamma]-x_2[Z_1\cos\gamma+b\cos\varepsilon\sin(\alpha+\gamma)]}{x_2\sin\gamma-(f\cos\beta_2-y_2\sin\beta_2)\cos\gamma}$$

eingesetzt wird.

$$\frac{f\sin\beta_2+y_2\cos\beta_2}{f\cos\beta_2-y_2\sin\beta_2-x_2\operatorname{tg}\gamma}=\frac{Y_1\cos\gamma-b\cos\gamma\sin\varepsilon}{Z_1+b\sin\alpha\cos\varepsilon}. \qquad 34\text{c)}$$

Jede dieser beiden Gleichungen ermöglicht eine verhältnismäßig einfache Lösung. *Beide Lösungen stellen den Stereoautographen in derjenigen Form dar, in der er bei denkbar einfachster Bedienung und bei Herabsetzung der persönlichen Fehler des Beobachters auf ein Mindestmaß am leistungsfähigsten ist*[1]. Im folgenden sollen beide Lösungen beschrieben werden.

a) Ausführungsform *J* (Lösung 1).

(D. R. P. 313261 vom 9. Juli 1918).

Die Ausführungsform *J* des Stereoautographen (vgl. Fig. 27, Tafel IX) knüpft an die durch Fig. 20 (Tafel VII) dargestellte Ausführungsform *G* an. Sie unterscheidet sich von dieser in der Hauptsache dadurch, daß der Schlitten *D* selbsttätig eingestellt wird. Abweichend ist ferner, daß der Schlitten *A* nur die Einstellung der linken Bildplatte regelt, und daß der Schlitten *D* den untersten Schlitten des Kreuzschlittensystems *C*, *D* bildet. Infolge dieser geänderten Ausbildung des Stereokomparators macht sich nur eine Änderung der Verbindung des Hebels q_6 mit dem Schlitten *D* nötig. Da dieser Schlitten jetzt eine Einstellung um y_2 (statt wie vorher um y_2-y_1) erfährt, und da er ferner in der Breitenrichtung unverschieblich angeordnet ist, wird eine Verbindung wesentlich einfacher. Der in den Schlitz q_{11} des Hebels q_6 eingreifende Mitnehmer q_{12} sitzt nämlich unmittelbar auf dem Schlitten *D*.

Die Gleichung 34b kann durch eine ähnliche Kupplung des Schlittens A_1 mit dem Schlitten *D* selbsttätig aufrechterhalten werden wie im Falle der Ausführungsform *D* des Stereoautographen (vgl. Fig. 14, Tafel IV), bei der ebenfalls ein selbsttätiger Antrieb des Schlittens *D* vorgesehen ist. Entsprechend der Abweichung der Gleichung 34b von der der Ausführungsform *D* zugrunde liegenden Gleichung IVe muß jedoch die Kupplung die folgenden Änderungen erfahren. Die Arme j_1 und j_2 werden in ihrer Drehebene gegeneinander einstellbar gemacht. Ein Zeiger j_{14} des Armes j_2 zeigt an einer entgegen dem Uhrzeigersinne zunehmenden Gradteilung j_{15} des Armes j_1 das Supplement des Neigungswinkels der beiden Arme an. Eine Klemmschraube j_{16} dient dazu, die Arme gegeneinander festzustellen. Das Kreuzschlittensystem k_1, k_5, dessen oberster Schlitten k_5 den Mitnehmer R_1 trägt, ist nicht mehr unmittelbar auf dem Schlitten A_1 angeordnet, sondern auf einem Schlitten A_1', der eine solche Lage gegenüber dem Schlitten A_1 hat, daß der Mitnehmer R_1, wenn die Schlitten

[1]) Beide Lösungen sind vom Verfasser 1917 im Anschluß an die vorstehend beschriebenen Lösungen 3 und 4 angegeben worden.

Tafel IX.

Ausführungsform J.

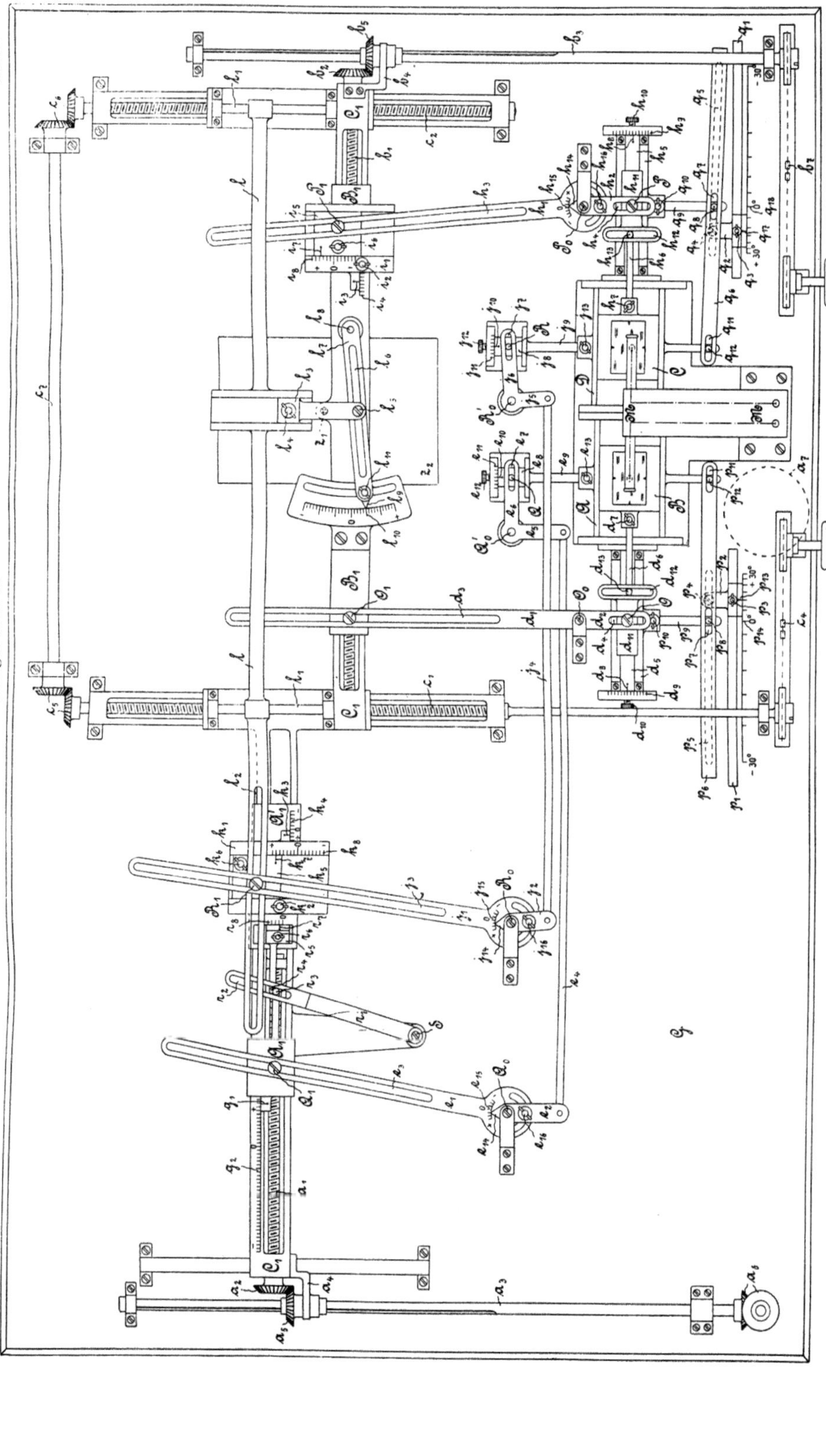

Fig. 27.

k_1, k_5 und A_1 sich in ihren Nullstellungen befinden, mit der Drehachse R_0 des Doppelhebels j_1, j_2 in einer die Tiefenrichtung enthaltenden Ebene und mit dem Mitnehmer Q_1 des Hebelarmes e_1 in einer die Breitenrichtung enthaltenden Ebene liegt. Dabei ist der Schlitten A_1' derart mit dem Schlitten A_1 gekuppelt, daß er bei einer Verschiebung desselben um Y_1 eine Verschiebung in derselben Richtung um $\frac{Y_1}{\cos\gamma}$ erfährt. Zu dem Zweck ist an einem Lagerbock des Schlittens C_1, um eine Achse S drehbar, ein gabelförmiger Hebel r_1 gelagert, dessen beide übereinander liegende Gabelenden je mit einem Schlitz r_2 ausgestattet sind. In den Schlitz des oberen Gabelendes greift ein Mitnehmer r_3 des Schlittens A_1 ein, in den des unteren Gabelendes ein Mitnehmer r_4 eines Schlittens r_5, der auf dem Schlitten A_1' in der Tiefenrichtung einstellbar angeordnet ist und durch eine Klemmschraube r_6 auf diesem Schlitten festgestellt werden kann. Dabei hat die Drehachse S des Hebels r_1 eine solche Lage zum Schlitten C_1, daß der Hebel parallel der Tiefenrichtung ist, wenn der Schlitten A_1 sich in seiner Nullstellung befindet, wenn also der Zeiger g_1 an der Skala g_2 den Wert $Y_1 = 0$ anzeigt. Die jeweils eingestellte, in die Tiefenrichtung fallende Komponente des gegenseitigen Abstandes der beiden Mitnehmer r_3 und r_4 wird durch einen Zeiger r_7 des Schlittens r_5 an einer Skala r_8 des Schlittens A_1' angezeigt. Wird diese Komponente mit U, und die entsprechende Komponente des Abstandes des Mitnehmers r_3 von der Drehachse S mit V bezeichnet, so muß, wenn der Schlitten A_1' die oben angegebene Verschiebung erfahren soll, die Gleichung bestehen (vgl. Fig. 28)

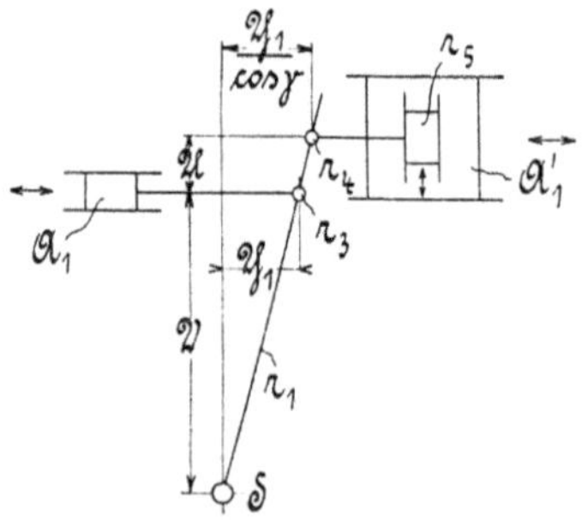

Fig. 28.

$$\frac{U+V}{\frac{Y_1}{\cos\gamma}} = \frac{V}{Y_1}.$$

Daraus folgt für U

$$U = V\frac{1-\cos\gamma}{\cos\gamma}. \qquad 39)$$

Ist, wie angenommen, V unveränderlich, so ist U nur veränderlich mit dem Winkel γ. Es ist daher, um wiederholte Ausrechnungen zu vermeiden, die Skala r_8 nach Winkeln beziffert. Die Berechnung der Teilung der Skala ist nach Gleichung 39 ohne weiteres möglich. Liegen die Mitnehmer r_3 und r_4 lotrecht übereinander, so befindet sich der Schlitten r_5 in seiner Nullstellung, in der sein Zeiger r_7 an der Skala r_8 den Winkel Null anzeigen muß. Verschiebungen des Schlittens r_5 aus seiner Nullstellung müssen stets so gerichtet sein, daß sie auf eine Vergrößerung des Abstandes des Mitnehmers r_4 von der Drehachse S hinwirken.

Damit die Gleichung 34b erfüllt wird, ist die Kupplung folgendermaßen einzustellen. Der Schlitten j_8 ist in diejenige Lage zu bringen, in der sein Zeiger j_{10} an der Skala j_{11} die Brennweite f anzeigt. Die Arme j_1 und j_2 müssen den Winkel $180-\beta_2$ miteinander einschließen, so, daß dann der Zeiger j_{14} an der Gradteilung j_{15} den Winkel β_2 anzeigt. Der Schlitten k_1 muß diejenige Stellung einnehmen, in der sein Zeiger k_3 an der Skala k_4 des Schlittens A_1' den im Kopiermaßstab gemessenen Wert

$\frac{b \sin \varepsilon}{\cos \gamma}$ anzeigt. Der Schlitten B_1 ist in seine Nullstellung zu bringen, in der der Doppelhebel d_1, d_2 parallel der Tiefenrichtung ist. Der Schlitten r_5 muß in diejenige Lage gebracht werden, in der sein Zeiger r_7 an der Skala r_8 den Winkel γ anzeigt.

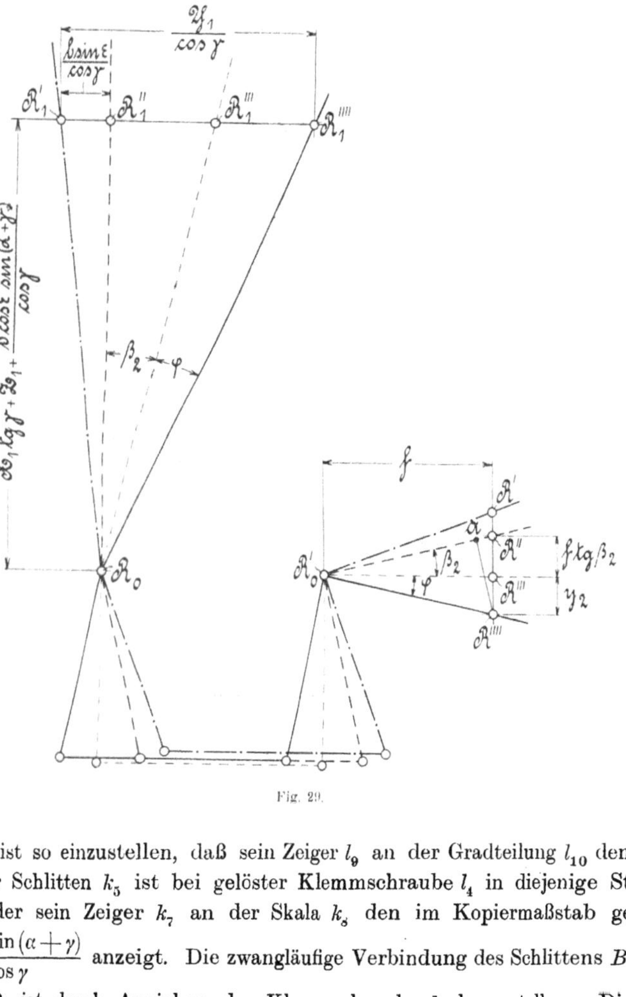

Fig. 29.

Der Hebel l_7 ist so einzustellen, daß sein Zeiger l_9 an der Gradteilung l_{10} den Winkel γ anzeigt. Der Schlitten k_5 ist bei gelöster Klemmschraube l_4 in diejenige Stellung zu bringen, in der sein Zeiger k_7 an der Skala k_8 den im Kopiermaßstab gemessenen Wert $\frac{b \cos \varepsilon \sin (\alpha + \gamma)}{\cos \gamma}$ anzeigt. Die zwangläufige Verbindung des Schlittens B_1 mit dem Mitnehmer R_1 ist durch Anziehen der Klemmschraube l_4 herzustellen. Die Klemmschraube k_6 muß während des Kopierens gelöst bleiben. Wenn im Stereokomparator ein Bildpunkt mit der Ordinate $y_2 = 0$ eingestellt ist, muß sich der Doppelhebel j_1, j_2 in seiner Nullstellung befinden, in der sein Arm j_2 parallel der Tiefenrichtung ist, während sein Arm j_1 um den Winkel β_2 gegen die Tiefenrichtung geneigt ist.

Der Beweis dafür, daß bei der beschriebenen Einstellung der Kupplung die Gleichung 34b richtig erfüllt wird, folgt aus Fig. 29. Darin ist das Hebelsystem $j_1, j_2; j_4; j_5, j_6$ in vier Stellungen gezeichnet, deren jeder eine Einstellung des Apparates für einen Objektpunkt mit den von Null abweichenden Koordinaten X_1 und Z_1 zugrunde liegt. Die durch strichpunktierte Linien angedeutete Stellung entspricht der Einstellung eines

Objektpunktes mit der Koordinate $Y_1 = 0$. Die durch stark gestrichelte Linien angedeutete Stellung entspricht der Einstellung eines Objektpunktes mit der Koordinate $Y_1 = b \sin \varepsilon$ und mit der zugehörigen Plattenkoordinate $y_2 = -f \operatorname{tg} \beta_2$. Die durch schwach gestrichelte Linien angedeutete Stellung ist die Nullstellung des Hebelsystems, die der Einstellung eines Objektpunktes entspricht, zu dem die Plattenkoordinate $y_2 = 0$ gehört. Die durch ausgezogene Linien angedeutete Stellung entspricht der Einstellung eines Objektpunktes mit der von Null abweichenden Koordinate Y_1 und der zugehörigen Plattenkoordinate y_2. Mit den eingeschriebenen Bezeichnungen folgt dann aus der Figur, wenn man noch von R'''' eine Senkrechte auf $R_0' R''$ fällt:

$$\operatorname{tg}(\beta_2 + \varphi) = \frac{\dfrac{Y_1}{\cos\gamma} - \dfrac{b \sin\varepsilon}{\cos\gamma}}{X_1 \operatorname{tg}\gamma + Z_1 + \dfrac{b \cos\varepsilon \sin(\alpha + \gamma)}{\cos\gamma}} = \frac{\overline{R'''' a}}{\overline{R_0' a}}$$

$$= \frac{\overline{R'''' a}}{\overline{R_0' R''} - \overline{R'' a}} = \frac{(f \operatorname{tg}\beta_2 + y_2)\cos\beta_2}{\dfrac{f}{\cos\beta_2} - (f \operatorname{tg}\beta_2 + y_2)\sin\beta_2}$$

$$= \frac{f \sin\beta_2 + y_2 \cos\beta_2}{f \cos\beta_2 - y_2 \sin\beta_2},$$

was zu beweisen war.

In Fig. 27 (Tafel IX) ist der Apparat wie in Fig. 15, 18, 20 und 24 (Tafel V bis VIII) für den Schnittpunkt der linken Objektivachse mit der die rechte Objektivachse enthaltenden Lotebene eingestellt. Beim Gebrauch müssen außer den Klemmschrauben d_{10}, h_{10} und k_8 sämtliche Klemmschrauben angezogen sein. Die Handhabung stimmt mit der bei der Ausführungsform D angegebenen überein. (Schluß folgt.)

Sonder-Abdruck

aus der

„Zeitschrift für Instrumentenkunde" 41. **S. 65–86. 1921.**

Verlag von Julius Springer, Berlin W.

Nachdruck verboten.

Der v. Orel-Zeissische Stereoautograph und neue Vorschläge für seine weitere Ausgestaltung.

Von

Dr. Ing. **Willy Sander.**

(Mitteilung aus der optischen Anstalt von Carl Zeiss, Jena.)

(Schluß von Seite 60.)

b) Ausführungsform K (Lösung 2).

(D. R. P. 313261 vom 9. Juli 1918.)

Die Ausführungsform K des Stereoautographen (vgl. Fig. 30, Tafel X) unterscheidet sich von der durch Fig. 27 (Tafel IX) dargestellten Ausführungsform J nur in bezug auf die Kupplung des Schlittens A_1 mit dem Schlitten D. Damit statt der Gleichung 34b die Gleichung 34c selbsttätig aufrechterhalten wird, muß die Kupplung der Fig. 27 die folgenden Änderungen erfahren. Der Schlitten A_1' ist derart mit dem Schlitten A_1 zu kuppeln, daß er bei einer Verschiebung desselben um Y_1 eine Verschiebung um $Y_1 \cos\gamma$ erfährt. Dabei muß seine Lage gegenüber dem Schlitten A_1 für den Fall, daß die Schlitten k_1, k_5 und A_1 sich in ihren Nullstellungen befinden, die gleiche sein, wie für Fig. 27 (Tafel IX) angegeben ist. Zu dem Zweck ist nur eine andere Einstellung des Schlittens r_5 erforderlich. Wird wiederum die in die Tiefenrichtung fallende Komponente des gegenseitigen Abstandes der beiden Mitnehmer r_3 und r_4 mit U, und die entsprechende Komponente des Abstandes des Mitnehmers r_3 von der Drehachse S mit V bezeichnet, so muß, wenn der Schlitten A_1' die oben angegebene Verschiebung erfahren soll, die Gleichung bestehen (vgl. Fig. 31)

$$\frac{V-U}{Y_1\cos\gamma}=\frac{V}{Y_1}.$$

Daraus folgt für U

$$U=V(1-\cos\gamma). \qquad 40)$$

Da V wiederum unveränderlich angenommen ist, so ist U nur veränderlich mit dem Winkel γ, deshalb kann die Skala r_8 wiederum nach Winkeln beziffert werden. Die Berechnung ihrer Teilung ist nach Gleichung 40 ohne weiteres möglich. Liegen die Mitnehmer r_3 und r_4 lotrecht übereinander, so befindet sich der Schlitten r_5 in seiner Nullstellung, in der sein Zeiger r_7 an der Skala r_8 den Winkel Null anzeigen muß. Verschiebungen des Schlittens r_5 aus seiner Nullstellung müssen stets so gerichtet sein, daß sie auf eine Verkleinerung des Abstandes des Mitnehmers r_4 von der Drehachse S hinwirken.

Tafel X

Ausführungsform K.

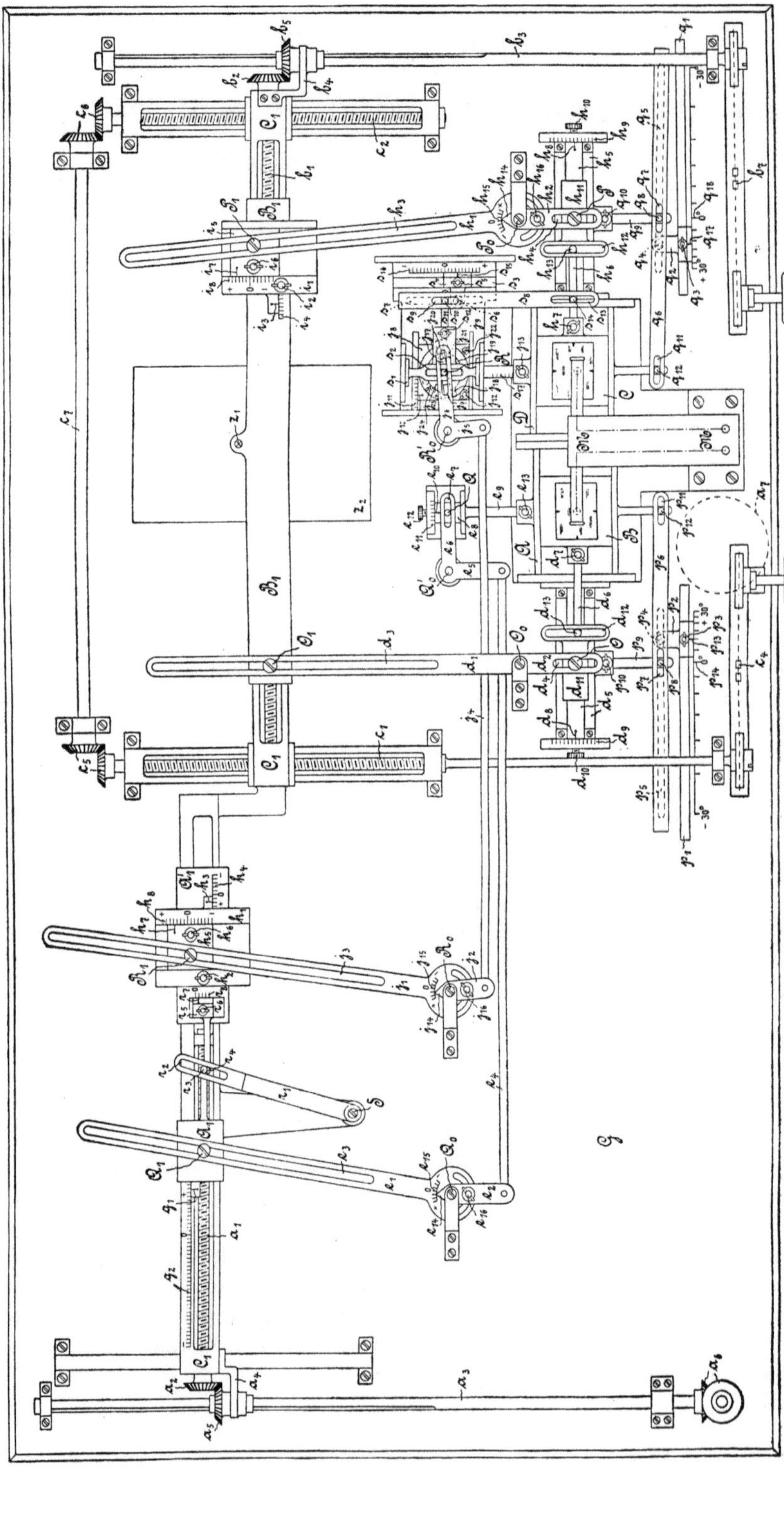

Fig. 30.

Da in der Gleichung 34c im Nenner der rechten Seite ein von X_1 abhängiges Glied nicht vorhanden ist, so fällt die Kupplung des Mitnehmers R_1 mit dem Schlitten B_1 weg. Dafür ist aber im Nenner der linken Seite der Gleichung das von x_2 abhängige Glied $x_2 \operatorname{tg} \gamma$ vorhanden, so daß eine Kupplung des Mitnehmers R mit dem Schlitten C vorgesehen werden muß. Diese Kupplung muß so beschaffen sein, daß beim Einstellen des Schlittens C in der Breitenrichtung um x_2 der Mitnehmer R in einer gegen die Breitenrichtung um den Winkel β_2 geneigten Richtung (d. i. diejenige Richtung, die der Arm j_6 des Winkelhebels j_5, j_6 einnimmt, wenn der Arm j_1 des Doppelhebels j_1, j_2 parallel der Tiefenrichtung ist) eine Einstellung um $x_2 \operatorname{tg} \gamma$ erfährt, und zwar so, daß sein Abstand von der Drehachse R_0' bei positivem Wert von $x_2 \operatorname{tg} \gamma$ kleiner ist als für $x_2 \operatorname{tg} \gamma = 0$. Zu dem Zweck ist dieser Mitnehmer nicht mehr unmittelbar auf dem Schlitten j_8 anzuordnen, sondern auf einem Schlitten j_{17}, der längs einer Geradführung j_{18} eines Drehschlittens j_{19} verschieblich angeordnet ist. In der Nullstellung des Schlittens j_{17} liegt der Mitnehmer R in der Achse dieses Drehschlittens. In dieser Stellung des Schlittens j_{17} zeigt sein Zeiger j_{20} auf einen Gegenzeiger j_{21} der Geradführung j_{18}. Der Drehschlitten j_{19} ist auf dem Schlitten j_8 drehbar gelagert und kann durch eine Klemmschraube j_{22} auf diesem Schlitten festgestellt werden. Ein Zeiger j_{23} des Drehschlittens j_{19} zeigt dabei an einer entgegen dem Uhrzeigersinn zunehmenden Gradteilung j_{24} des Schlittens j_8 denjenigen Winkel an, um den der Drehschlitten aus seiner Nullstellung verdreht ist. Diese Verdrehung muß, damit die Verschiebung des Mitnehmers R, wie verlangt, in der um den Winkel β_2 gegen die Breitenrichtung geneigten Richtung vor sich geht, den Wert β_2 annehmen. Die Nullstellung ist dadurch bestimmt, daß für $\beta_2 = 0$ die Geradführung j_{18} parallel der Breitenrichtung sein muß. Auf dem Schieber j_9 ist ein Schlitten s_1 in der Breitenrichtung verschieblich angeordnet, der einen der Tiefenrichtung parallelen Schlitz s_2 enthält, in den der Mitnehmer R eingreift. Dieser Schlitten s_1 ist folgendermaßen mit dem Schlitten C gekuppelt. In einer der Tiefenrichtung parallelen Führungsnut s_3 des Schiebers j_9 ist ein Schlitten s_4 einstellbar angeordnet, der durch eine Klemmschraube s_5 auf dem Schieber j_9 festgestellt werden kann. Der Schlitten s_4 trägt einen Drehbolzen s_6, der durch einen Schlitz s_7 des unteren Flansches eines zwei übereinander liegende Flanschen enthaltenden Hebels s_8 hindurchgreift, wobei auf diesem unteren Flansch ein in der Schlitzrichtung einstellbarer Schlitten angeordnet zu denken ist, der mit einer Bohrung ausgestattet ist, durch die der Drehbolzen s_6 ebenfalls, und zwar mit Passung, hindurchgreift, und der auf dem unteren Flansch feststellbar ist. In dem oberen Flansch sind zwei Schlitze angeordnet. In den einen Schlitz s_9 greift ein Mitnehmer s_{10} eines Schiebers s_{11} ein, der einen Teil des Schlittens s_1 bildet. Dieser Schieber ist für Justierzwecke gegenüber dem Schlitten s_1 in der Breitenrichtung einstellbar angeordnet und kann durch eine Klemmschraube s_{12} auf dem Schlitten s_1 festgestellt werden. In den anderen Schlitz s_{13} greift ein Mitnehmer s_{14} des zu dem Schlitten C gehörenden Schiebers h_6 ein. Durch einen Zeiger s_{15} des Schlittens s_4 wird an einer Skala s_{16} des Schiebers j_9 die jeweils eingestellte, in die Tiefenrichtung fallende Komponente

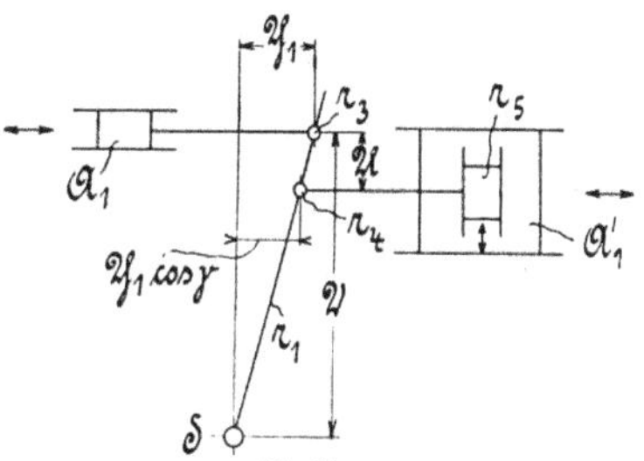

Fig. 31.

des Abstandes des Drehbolzens s_6 von dem Mitnehmer s_{10} angezeigt, und die Kante des Schlittens D zeigt an einer Skala s_{17} des Schiebers j_9 die jeweils eingestellte, in die Tiefenrichtung fallende Komponente des gegenseitigen Abstandes der beiden Mitnehmer s_{10} und s_{14} an. Wird die erstere Komponente mit J und die letztere mit K bezeichnet, so muß, wenn der Mitnehmer R beim Verschieben des Schlittens C um x_2 in der gegen die Breitenrichtung um den Winkel β_2 geneigten Richtung eine Verschiebung um $x_2 \operatorname{tg} \gamma$, also in der Breitenrichtung eine Verschiebung um

$$x_2 \cos \beta_2 \operatorname{tg} \gamma$$

erfahren soll, die Gleichung bestehen (vgl. Fig. 32)

$$\frac{K - J}{x_2} = \frac{J}{x_2 \cos \beta_2 \operatorname{tg} \gamma}.$$

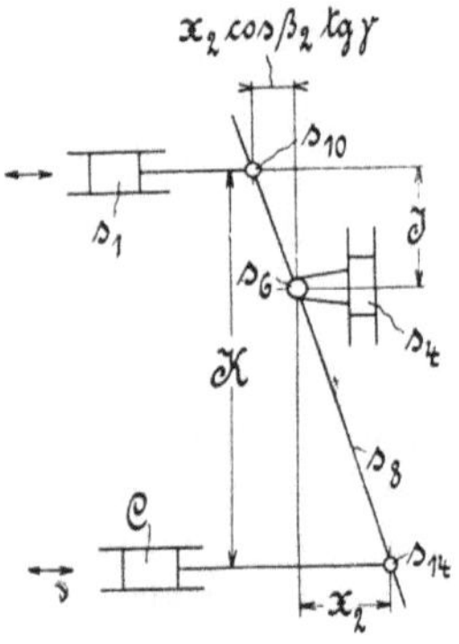

Fig. 32.

Daraus folgt für J

$$J = K \frac{\cos \beta_2 \operatorname{tg} \gamma}{1 + \cos \beta_2 \operatorname{tg} \gamma}. \qquad 41)$$

Nach dieser Gleichung läßt sich die jeweils einzustellende Komponente J ohne weiteres berechnen. Liegt der Drehbolzen s_6 lotrecht unter dem Mitnehmer s_{10}, so befindet sich der Schlitten s_4 in seiner Nullstellung, in der sein Zeiger s_{15} an der Skala s_{16} den Wert Null anzeigen muß. Eine Stellung des Drehbolzens zwischen den beiden Mitnehmern s_{10} und s_{14} entspricht einem positiven Winkel γ.

Damit die Gleichung 34c erfüllt wird, ist die Kupplung folgendermaßen einzustellen. Die Arme j_1 und j_2 müssen den Winkel $180 - \beta_2$ miteinander einschließen, so daß dann der Zeiger j_{14} an der Gradteilung j_{15} den Winkel β_2 anzeigt. Der Schlitten k_1 muß diejenige Stellung einnehmen, in der sein Zeiger k_3 an der Skala k_4 des Schlittens A_1' den im Kopiermaßstab gemessenen Wert $b \cos \gamma \sin \varepsilon$ anzeigt. Der Schlitten k_5 ist in diejenige Stellung zu bringen, in der sein Zeiger k_7 an der Skala k_8 den im Kopiermaßstab gemessenen Wert $b \sin \alpha \cos \varepsilon$ anzeigt. Der Schlitten r_5 ist so einzustellen, daß sein Zeiger r_7 an der Skala r_8 den Winkel γ anzeigt. Der Schlitten j_8 muß diejenige Lage einnehmen, in der sein Zeiger j_{10} an der Skala j_{11} die Brennweite f anzeigt. Der Schlitten C muß seine Nullstellung einnehmen, in der der kurze Arm h_2 des Doppelhebels h_1, h_2 parallel der Tiefenrichtung ist. Der Drehschlitten j_{19} ist so einzustellen, daß sein Zeiger j_{23} an der Gradteilung j_{24} den Winkel β_2 anzeigt. Der Schlitten j_{17} ist in diejenige Lage zu bringen, in der sein Zeiger j_{20} auf den Gegenzeiger j_{21} der Geradführung j_{18} hinweist. Der Schlitten s_4 ist so einzustellen, daß sein Zeiger s_{15} an der Skala s_{16} den aus der Gleichung 41 sich ergebenden Wert J anzeigt. Wenn im Stereokomparator ein Bildpunkt mit den Koordinaten $x_2 = 0$ und $y_2 = 0$ eingestellt ist, befindet sich der Doppelhebel j_1, j_2 in seiner Nullstellung, in der sein Arm j_2 parallel der Tiefenrichtung ist, während sein Arm j_1 um den Winkel β_2 gegen die Tiefenrichtung geneigt ist.

Der Beweis dafür, daß bei der beschriebenen Einstellung der Kupplung die Gleichung 34c richtig erfüllt wird, folgt aus Fig. 33. Darin ist das Hebelsystem j_1, j_2; j_4; j_5, j_6 in fünf Stellungen gezeichnet, deren jeder eine Einstellung des Apparates für einen Objektpunkt mit der von Null abweichenden Koordinate Z_1 zugrunde liegt. Die durch strichpunktierte Linien angedeutete Stellung entspricht der Einstellung eines Objektpunktes mit der Koordinate $Y_1 = 0$ und mit der zugehörigen

Plattenkoordinate $x_2 = 0$. Die durch stark gestrichelte Linien angedeutete Stellung entspricht der Einstellung eines Objektpunktes mit der Koordinate $Y_1 = b \sin \varepsilon$ und mit den zugehörenden Plattenkoordinaten $x_2 = 0$ und $y_2 = -f \operatorname{tg} \beta_2$. Die durch schwach gestrichelte Linien angedeutete Stellung ist die Nullstellung des Hebelsystems, die der Einstellung eines Objektpunktes entspricht, zu dem die Plattenkoordinaten $x_2 = 0$ und $y_2 = 0$ gehören. Die durch schwach ausgezogene Linien angedeutete Stellung entspricht der Einstellung eines Objektpunktes mit der von Null abweichenden

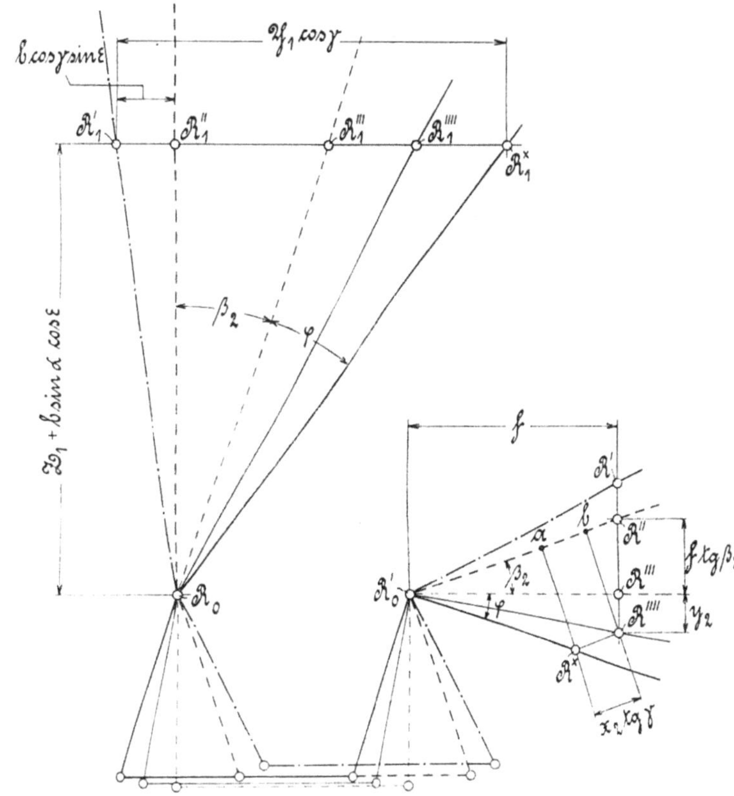

Fig. 38.

Koordinate Y_1 und mit den zugehörenden Plattenkoordinaten $x_2 = 0$ und y_2. Die durch stark ausgezogene Linien angedeutete Stellung entspricht der Einstellung eines Objektpunktes mit den von Null abweichenden Koordinaten X_1 und Y_1 und mit den zugehörenden Plattenkoordinaten x_2 und y_2. Mit den eingeschriebenen Bezeichnungen folgt aus der Figur, wenn man noch von $R^\times$ und R'''' Senkrechte auf $R_0' R''$ fällt, und wenn man $R^\times$ mit R'''' verbindet, wobei, wie erforderlich, $R^\times R''''$ parallel $R_0' R''$ und gleich $x_2 \operatorname{tg} \gamma$ ist:

$$\operatorname{tg}(\beta_2+\varphi)=\frac{Y_1\cos\gamma-b\cos\gamma\sin\varepsilon}{Z_1+b\sin\alpha\cos\varepsilon}=\frac{\overline{R^{\times}}\,\overline{a}}{\overline{R_0'}\,\overline{a}}$$

$$=\frac{\overline{R''''}\,\overline{b}}{\overline{R_0'}\,\overline{R''}-\overline{R''}\,\overline{b}-\overline{a}\,\overline{b}}=\frac{\overline{R''''}\,\overline{b}}{\overline{R_0'}\,\overline{R''}-\overline{R''}\,\overline{b}-\overline{R^{\times}}\,\overline{R''''}}$$

$$=\frac{(f\operatorname{tg}\beta_2+y_2)\cos\beta_2}{\frac{f}{\cos\beta_2}-(f\operatorname{tg}\beta_2+y_2)\sin\beta_2-x_2\operatorname{tg}\gamma}$$

$$=\frac{f\sin\beta_2+y_2\cos\beta_2}{f\cos\beta_2-y_2\sin\beta_2-x_2\operatorname{tg}\gamma},$$

was zu beweisen war.

In Fig. 30 (Tafel X) ist der Apparat wie in Fig. 15, 18, 20, 24 und 27 (Tafel V bis IX) für den Schnittpunkt der linken Objektivachse mit der die rechte Objektivachse enthaltenden Lotebene eingestellt. Beim Gebrauch müssen außer den Klemmschrauben d_{10} und h_{10} sämtliche Klemmschrauben angezogen sein. Die Handhabung stimmt mit der bei der Ausführungsform D angegebenen überein.

C. Lösung von Dr. v. Gruber mit Handantrieb des Vertikalparallaxenschlittens D[1]).

(D. R. P. 301 269 vom 24. Juni 1916.)

a) Abbildung eines Objektes auf eine gegen die Lotrechte geneigte Bildplatte.

Bei der Abbildung eines Objektes auf eine gegen die Lotrechte um den Winkel β geneigte Bildplatte B (siehe Fig. 34) schließt die Objektivachse OM mit der durch den optischen Mittelpunkt O des Objektivs bestimmten Horizontalebene E_0 den Neigungs- oder Kippungswinkel β ein. Es sei die für die Ableitung des Folgenden unwesentliche Annahme gemacht, daß die Bildplatte B vor dem Objektiv angeordnet ist. Die Brennweite des Objektivs sei mit f bezeichnet. Die Horizontalebene E_0 schneidet die Bildebene im wahren Horizont NN'. Im Abstand Y von E_0 ist eine weitere Horizontalebene E gelegt. O' ist die Projektion von O auf E. wobei $\overline{OO'}=Y$. NS ist die Hauptvertikale der Bildebene. Durch O werde eine Parallele zur Hauptvertikalen NS gelegt, die die Horizontalebene E in O'' schneidet. Dann ist $\overline{OO''}=Y'$, wobei die Gleichung besteht

$$Y'=\frac{Y}{\cos\beta} \qquad 42)$$

Läßt man eine Ebene um OO'' als Achse sich drehen, so schneidet sie auf der Bildebene ein System zur Hauptvertikalen NS paralleler Geraden aus, in der Horizontalebene E dagegen ein Strahlenbüschel, dessen Strahlen diesen parallelen Geraden zugeordnet sind. Entsprechende Strahlen und Parallelen treffen sich in der Schnittlinie der beiden Ebenen B und E. Der Ursprung O'' des Strahlenbüschels hat von der Horizontalprojektion O' des Punktes O den Abstand

$$\Delta e=Y\operatorname{tg}\beta. \qquad 43)$$

[1]) Erstmalig angegeben von Dr. von Gruber, München, in einer unveröffentlichten Arbeit vom 20. Mai 1915.

Der Abstand $O''S$ ist gleich dem Abstand ON und werde mit f' bezeichnet. Dann ist

$$f' = \frac{f}{\cos\beta}. \tag{44}$$

Ändert sich Y, so ändert sich Δe, das Strahlenbüschel bleibt aber unverändert, da der Abstand $O''S$ unverändert bleibt. Durch den Punkt O werde eine Parallele ON'' zum wahren Horizont NN' gelegt. Läßt man eine Ebene um ON'' als Achse sich drehen, so schneidet sie sowohl auf der Bildebene als auch auf der Horizontal-

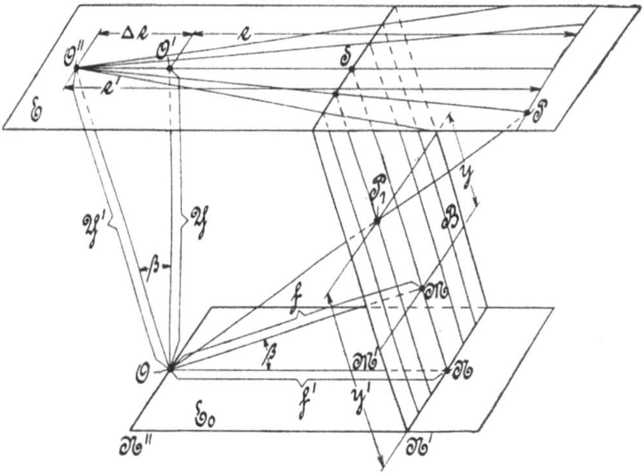

Fig. 34.

ebene E eine Schar zur Linie ON'' paralleler Geraden aus. Eine solche Gerade in der Bildebene hat vom Bildhorizont NN' den Abstand y' und von der durch den Durchstoßpunkt M der Objektivachse mit der Bildebene zum Bildhorizont gezogenen Parallelen MM' den Abstand y, wobei die Gleichung besteht

$$y = y' - f\,\mathrm{tg}\,\beta. \tag{45}$$

Die zugehörige Gerade in der Horizontalebene E hat von dem Punkt O' den Abstand e und von dem Punkt O'' den Abstand e'. Dabei ist $e' = e + \Delta e$, und es besteht die einfache Beziehung

$$y' = \frac{f'}{e'} \cdot Y',$$

woraus mit 42) und 44) folgt

$$y' = \frac{f \cdot Y}{e' \cos^2\beta}. \tag{46}$$

Daraus folgt mit 45)

$$y = \frac{fY}{e' \cos^2\beta} - f\,\mathrm{tg}\,\beta,$$

$$y = \frac{f}{\cos^2\beta} \cdot \frac{Y - e' \sin\beta\cos\beta}{e'}. \tag{47}$$

Es sei

$$\frac{f}{\cos^2\beta} = f'';$$

dann ist

$$y = f''\,\frac{Y - e'\sin\beta\cos\beta}{e'}. \qquad 48)$$

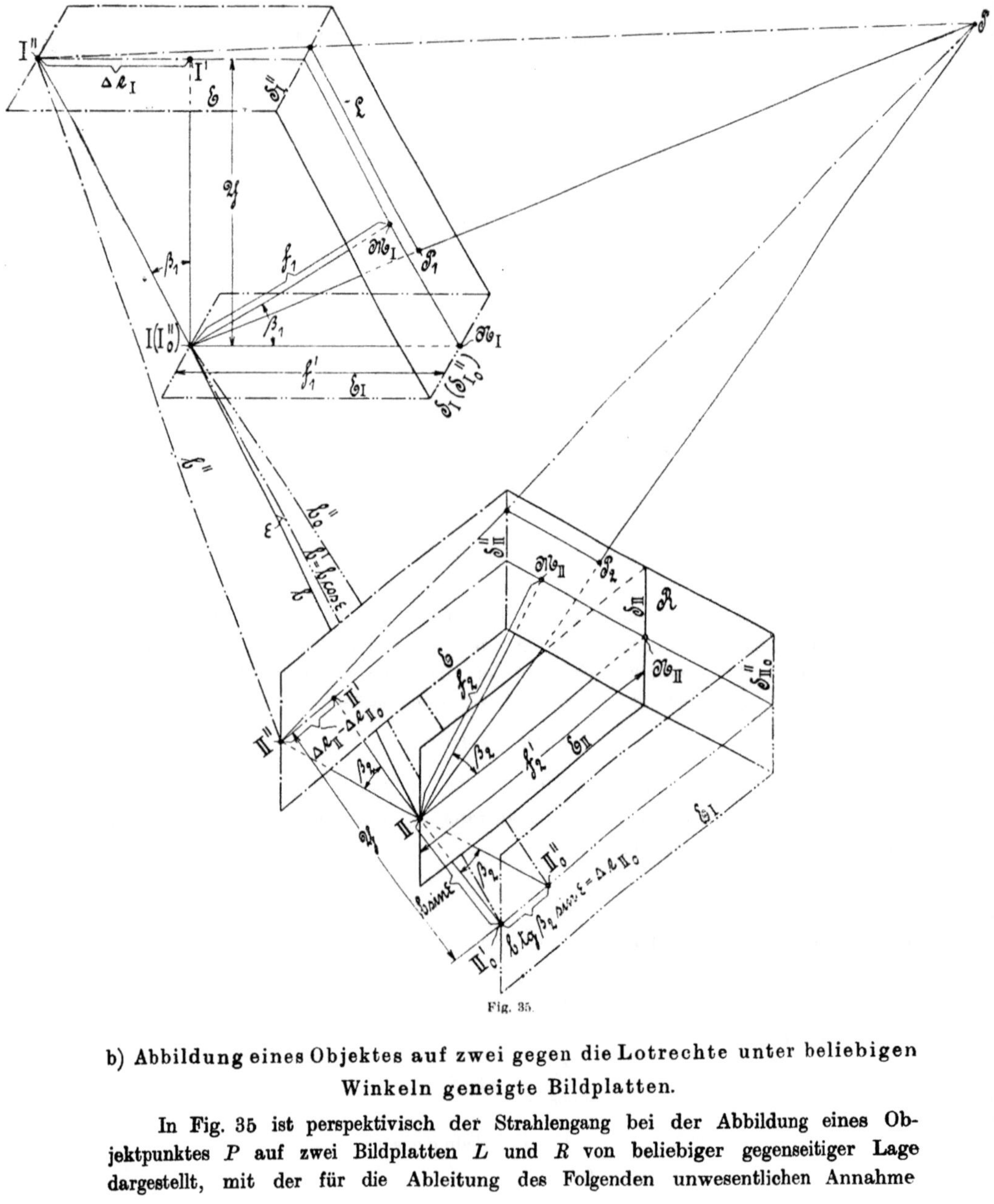

Fig. 35.

b) Abbildung eines Objektes auf zwei gegen die Lotrechte unter beliebigen Winkeln geneigte Bildplatten.

In Fig. 35 ist perspektivisch der Strahlengang bei der Abbildung eines Objektpunktes P auf zwei Bildplatten L und R von beliebiger gegenseitiger Lage dargestellt, mit der für die Ableitung des Folgenden unwesentlichen Annahme daß die Bildplatten vor den Objektiven angeordnet sind. Das linke Objektiv, von der Brennweite f_1, ist mit I, das rechte Objektiv, von der Brennweite f_2, ist mit II bezeichnet. P_1 ist das Bild des Punktes P auf der Bildplatte L, P_2 ist das entsprechende Bild auf der Bildplatte R. E_I ist eine Horizontalebene durch I, E_{II} eine Horizontalebene durch II und E eine Horizontalebene durch P. Die Ebene E_I schneidet die Bildplatte L in der Spurlinie S_I $({S_I}_0'')$ und die Bildplatte R in der Spurlinie ${S_{II}}_0''$. Die Ebene E_{II} schneidet die Bildplatte R in der Spurlinie S_{II}, die Ebene E schneidet die Bildplatte L in der Spurlinie S_I'' und die Bildplatte R in der Spurlinie S_{II}''. Die Durchstoßpunkte der Objektivachsen mit den Bildplatten L und R sind M_I und M_{II}, wobei $\overline{IM_I} = f_1$ und $\overline{II\,M_{II}} = f_2$. Man ziehe auf der Bildplatte L durch M_I die Vertikale zur Spurlinie S_I, die diese in N_I schneidet, und auf der Bildplatte R durch M_{II} die Vertikale zur Spurlinie S_{II}, die diese in N_{II} schneidet, wobei $\overline{IN_I} = f_1'$ und $\overline{II\,N_{II}} = f_2'$. Ferner fälle man von I das Lot auf die Ebene E, das diese in I' schneidet, und von II Lote auf die Ebenen E und E_I, mit den Schnittpunkten II' und II_0'. Endlich ziehe man durch I eine Parallele zu $M_I N_I$, die die Ebene E in I'' schneidet, und durch II eine Parallele zu $M_{II} N_{II}$, die die Ebene E in II'', und die Ebene E_I in II_0'' schneidet. Dann gelten die eingeschriebenen Bezeichnungen $\overline{I\,II} = b$, $\sphericalangle\, \overline{II_0'\,I\,II} = \varepsilon$, $\overline{I\,II_0'} = b' = b \cos \varepsilon$, $\overline{II\,II_0'} = b \sin \varepsilon$, $\sphericalangle\, \overline{N_I\,I M_I} = \sphericalangle\, \overline{I'\,I\,I''} = \beta_1$, $\sphericalangle\, \overline{N_{II}\,II\,M_{II}} = \sphericalangle\, \overline{II'\,II\,II''} = \sphericalangle\, \overline{II_0'\,II\,II_0''} = \beta_2$, $\overline{I\,I'} = \overline{II_0'\,II'} = Y$, $\overline{I'\,I''} = \Delta e_I = Y \operatorname{tg} \beta_1$, $\overline{II_0'\,II_0''} = \Delta e_{II_0} = b \operatorname{tg} \beta_2 \sin \varepsilon$, $\overline{II'\,II''} = \Delta e_{II} - \Delta e_{II_0} = Y \operatorname{tg} \beta_2 - b \operatorname{tg} \beta_2 \sin \varepsilon$, $\overline{I\,II_0''} = b_0''$ und $\overline{I''\,II''} = b''$.

Ein Punkt ist in seiner Horizontalebene bestimmt, wenn Strahlen nach ihm von zwei in derselben Ebene liegenden bekannten Punkten aus gezogen werden. Im allgemeinen pflegen diese Strahlen von den Horizontalprojektionen der Aufnahmestandorte aus gezogen zu werden (I' und II' in Fig. 35). Die Beziehungen zwischen den Raumkoordinaten eines Punktes und den Plattenkoordinaten seiner Bilder können jedoch im Falle gekippter Achsen nur dann auf einfache Weise mechanisch aufrechterhalten werden, wenn man die Horizontalprojektionen I' und II' durch die schrägen Projektionen I'' und II'' ersetzt. Dabei tritt an die Stelle der Horizontalprojektion b' der Standlinie b die Ersatzstandlinie b''. Diese Ersatzstandlinie ist für alle Punkte ein und derselben Horizontalebene dieselbe. Sie ändert jedoch beim Übergang von einer Horizontalebene zur anderen im allgemeinen ihre Länge und Richtung, und außerdem ihre Lage gegenüber b'.

Fig. 36 zeigt eine Projektion verschiedener Ersatzstandlinien in eine Horizontalebene durch das linke Objektiv I. Dabei ist eine Aufnahme vorausgesetzt, bei der die Winkel α, β_1, β_2, γ und ε sämtlich positiv sind, also eine Aufnahme, bei der die Objektivachsen links verschwenkt, nach oben gekippt und konvergent sind, und bei der die Höhe H_{II} des rechten Objektivs, II, größer ist als die Höhe H_I des linken Objektivs I. Die Projektion des rechten Objektivs II ist II_0', wobei $\overline{I\,II_0'} = b' = b \cos \varepsilon$. Die Ersatzstandlinie für die Horizontalebene durch das linke Objektiv I ist $\overline{I\,II_0''} = b_0''$, während $\overline{I_1''\,II_1''} = b_1''$, $\overline{I_2''\,II_2''} = b_2''$ und $\overline{I_3''\,II_3''} = b_3''$ die Ersatzstandlinien für Horizontalebenen sind, die über der Horizontalebene durch das linke Objektiv im Abstande Y_1, Y_2 und Y_3 gelegt sind. Die linken Endpunkte I_1'', I_2'' und I_3'' der Ersatzstandlinien b_1'', b_2'' und b_3'' liegen auf der Horizontalprojektion der linken Objektivachse und haben von I die Abstände $\Delta e_{I_1} = Y_1 \operatorname{tg} \beta_1$,

$\Delta e_{I_2} = Y_2 \operatorname{tg} \beta_1$ und $\Delta e_{I_3} = Y_3 \operatorname{tg} \beta_1$. Die rechten Endpunkte der Ersatzstandlinien liegen auf der Horizontalprojektion der rechten Objektivachse, und es hat der Endpunkt II_0'' der Ersatzstandlinie b_0'' von II_0' den Abstand $\Delta e_{II_0} = b \operatorname{tg} \beta_2 \sin \varepsilon$, während die Endpunkte II_1'', II_2'' und II_3'' der Ersatzstandlinien b_1'', b_2'' und b_3'' vom Endpunkt II_0'' der Ersatzstandlinie b_0'' die Abstände $\Delta e_{II_1} = Y_1 \operatorname{tg} \beta_2$, $\Delta e_{II_2} = Y_2 \operatorname{tg} \beta_2$ und $\Delta e_{II_3} = Y_3 \operatorname{tg} \beta_2$ haben. Die Verschwenkungswinkel der Ersatzstandlinien b_0''

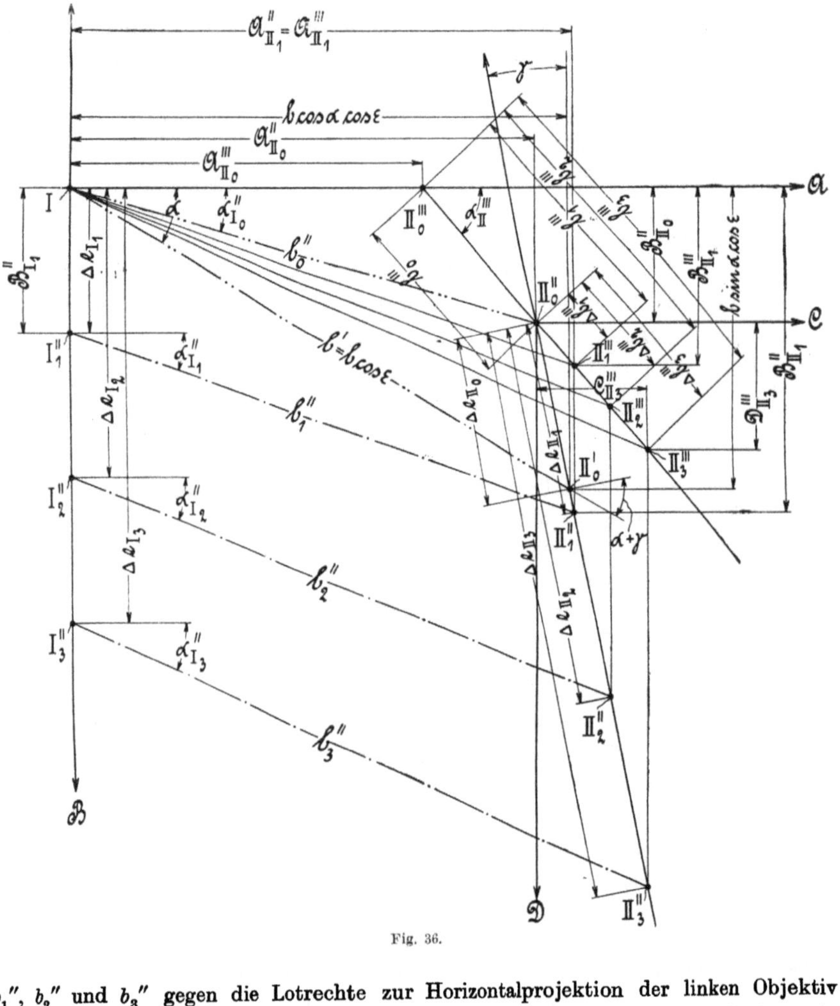

Fig. 36.

b_1'', b_2'' und b_3'' gegen die Lotrechte zur Horizontalprojektion der linken Objektivachse sind mit α_{I_0}'', α_{I_1}'', α_{I_2}'' und α_{I_3}'' bezeichnet. Durch I ist ein horizontales Koordinatensystem gelegt, dessen B-Achse mit der Horizontalprojektion der linken Objektivachse zusammenfällt, während seine A-Achse senkrecht dazu gerichtet ist. Ein entsprechendes Koordinatensystem mit den Achsen C und D hat seinen Anfang in II_0''.

Die Größe und die Richtung der Ersatzstandlinie b_0'' für die Horizontalebene durch das linke Objektiv, I, ergeben sich aus der Figur. In dem Dreieck $I II_0' II_0''$ ist

$$\overline{I\,II_0''} = \sqrt{(\overline{I\,II_0'})^2 + (\overline{II_0'\,II_0''})^2 - 2\,(\overline{I\,II_0'})\cdot(\overline{II_0'\,II_0''})\cos \overline{I\,II_0'\,II_0''}}$$

oder, mit den geltenden Bezeichnungen

$$b_0'' = b\sqrt{\cos^2\varepsilon + \operatorname{tg}^2\beta_2 \sin^2\varepsilon - 2\operatorname{tg}\beta_2 \sin\varepsilon\cos\varepsilon\sin(\alpha+\gamma)}\,. \tag{49}$$

Weiter ist

$$\begin{aligned}\operatorname{tg}\alpha_{I_0}'' &= \frac{b\sin\alpha\cos\varepsilon - b\operatorname{tg}\beta_2\cos\gamma\sin\varepsilon}{b\cos\alpha\cos\varepsilon - b\operatorname{tg}\beta_2\sin\gamma\sin\varepsilon} \\ &= \frac{\sin\alpha\cos\varepsilon - \operatorname{tg}\beta_2\cos\gamma\sin\varepsilon}{\cos\alpha\cos\varepsilon - \operatorname{tg}\beta_2\sin\gamma\sin\varepsilon}\,.\end{aligned} \tag{50}$$

Die Koordinaten der beiden Endpunkte I und II_0'' der Ersatzstandlinie b_0'' in bezug auf das durch I gelegene Koordinatensystem A, B sind

$$\left.\begin{aligned} A_I &= 0 \\ B_I &= 0 \\ A_{II_0}'' &= b(\cos\alpha\cos\varepsilon - \operatorname{tg}\beta_2\sin\gamma\sin\varepsilon) \\ B_{II_0}'' &= b(\sin\alpha\cos\varepsilon - \operatorname{tg}\beta_2\cos\gamma\sin\varepsilon)\end{aligned}\right\} \tag{51}$$

Die Ersatzstandlinie (b'') für jede andere, in einem beliebigen Abstand Y oberhalb oder unterhalb der Horizontalebene durch das linke Objektiv, I, liegende Horizontalebene ist nach Größe, Richtung und Lage gegenüber b' durch die Gleichungen bestimmt

$$\left.\begin{aligned} A_I'' &= 0 \\ B_I'' &= \Delta e_I = Y\operatorname{tg}\beta_1 \\ A_{II}'' &= A_{II_0}'' + \Delta e_{II}\sin\gamma = b(\cos\alpha\cos\varepsilon - \operatorname{tg}\beta_2\sin\gamma\sin\varepsilon) + Y\operatorname{tg}\beta_2\sin\gamma \\ B_{II}'' &= B_{II_0}'' + \Delta e_{II}\cos\gamma = b(\sin\alpha\cos\varepsilon - \operatorname{tg}\beta_2\cos\gamma\sin\varepsilon) + Y\operatorname{tg}\beta_2\cos\gamma \\ b'' &= \sqrt{(A_{II}'')^2 + (B_{II}'' - B_I'')^2} \\ \operatorname{tg}\alpha_I'' &= \frac{B_{II}'' - B_I''}{A_{II}''}\end{aligned}\right\} \tag{52}$$

Zieht man durch I Parallelen zu den Ersatzstandlinien b_1'', b_2'' und b_3'', denen man, von I aus gerechnet, je die Größe der entsprechenden Ersatzstandlinie gibt, so erhält man die Punkte II_1''', II_2''' und II_3'''. Diese Punkte haben — allgemein ausgedrückt — in bezug auf das durch I gelegte Koordinatensystem A, B die Koordinaten

$$\left.\begin{aligned} A_{II}''' &= A_{II_0}'' + Y\operatorname{tg}\beta_2\sin\gamma \\ B_{II}''' &= B_{II_0}'' + Y(\operatorname{tg}\beta_2\cos\gamma - \operatorname{tg}\beta_1)\end{aligned}\right\} \tag{53}$$

oder in bezug auf das durch II_0'' gelegte Koordinatensystem C, D die Koordinaten

$$\left.\begin{aligned} C_{II}''' &= Y\operatorname{tg}\beta_2\sin\gamma \\ D_{II}''' &= Y(\operatorname{tg}\beta_2\cos\gamma - \operatorname{tg}\beta_1)\end{aligned}\right\} \tag{54}$$

d. h. sie liegen auf einer Geraden durch II_0''. Diese Gerade schneidet die A-Achse in II_0''' und schließt mit dieser Achse (ebenso auch mit der C-Achse) den Winkel α_{II}''' ein. Der Abstand des Schnittpunktes II_0''' von II_0'' ist mit b_0''' bezeichnet. Die Abstände der Punkte II_1''', II_2''' und II_3''' von II_0'' sind mit $\Delta b_1'''$, $\Delta b_2'''$ und $\Delta b_3'''$, die entsprechenden Abstände dieser Punkte von II_0''' mit b_1''', b_2''' und b_3''' bezeichnet. Der Winkel α_{II}''' ist durch die Gleichung bestimmt

$$\operatorname{tg}\alpha_{II}''' = \frac{\operatorname{tg}\beta_2\cos\gamma - \operatorname{tg}\beta_1}{\operatorname{tg}\beta_2\sin\gamma}\,. \tag{55}$$

Der Schnittpunkt II_0''' hat in bezug auf das durch I gelegte Koordinatensystem A, B die Koordinaten

$$\left.\begin{aligned} A_{II_0}''' &= A_{II_0}'' - B_{II_0}'' \operatorname{cotg} \alpha_{II}''' \\ &= \frac{b\,[\cos\varepsilon\,(\operatorname{tg}\beta_2 \cos(\alpha+\gamma) - \cos\alpha \operatorname{tg}\beta_1) + \operatorname{tg}\beta_1 \operatorname{tg}\beta_2 \sin\gamma \sin\varepsilon]}{\operatorname{tg}\beta_2 \cos\gamma - \operatorname{tg}\beta_1} \\ B_{II_0}''' &= 0 \end{aligned}\right\} \quad 56)$$

Für den Abstand b_0''' und die Abstände $\varDelta b'''$ und b''' gelten die Gleichungen

$$\left.\begin{aligned} b_0''' &= \frac{B_{II_0}''}{\sin\alpha_{II}'''} = \frac{b\,(\sin\alpha\cos\varepsilon - \operatorname{tg}\beta_2\cos\gamma\sin\varepsilon)}{\sin\alpha_{II}'''} \\ \varDelta b''' &= \sqrt{(C_{II}''')^2 + (D_{II}''')^2} = Y\sqrt{\operatorname{tg}^2\beta_1 + \operatorname{tg}^2\beta_2 - 2\operatorname{tg}\beta_1\operatorname{tg}\beta_2\cos\gamma} \\ b''' &= b_0''' + \varDelta b''' \end{aligned}\right\} \quad 57)$$

Auf Grund der durchgeführten Betrachtung ergibt sich ein Stereoautograph zum Auswerten von Bildplatten, die mit Objektiven von beliebiger Achsenlage gewonnen sind.

Dieser Stereoautograph muß gegenüber der durch Fig. 12 (Tafel III) dargestellten Ausführungsform C zur Auswertung von Bildplatten, bei deren Aufnahme die Objektivachsen horizontal und konvergent waren, die folgenden Änderungen aufweisen.

1. Das Kreuzschlittensystem A_1, B_1, C_1 muß jeweils eine solche Stellung einnehmen, daß die in die Tiefenrichtung fallende Komponente des Abstandes des Mitnehmers O_1 von der Drehachse O_0 den Wert e' hat, wobei e' durch die Gleichung bestimmt ist (vgl. Fig. 34)

$$e' = e + \varDelta e.$$

Darin ist e die Raumkoordinate Z_1, ferner ist nach Gleichung 43 $\varDelta e = Y_1 \operatorname{tg}\beta_1$. Es ist also

$$e' = Y_1 \operatorname{tg}\beta_1 + Z_1$$

2. Die in die Tiefenrichtung fallende Komponente des Abstandes des Mitnehmers O von der Drehachse O_0 muß den Wert $\frac{f}{\cos\beta_1}$ annehmen. Beim Kopieren wird dann mittels des Doppelhebels d_1, d_2 die Gleichung

$$\frac{x_1}{\frac{f}{\cos\beta_1}} = \frac{X_1}{e'} = \frac{X_1}{Y_1\operatorname{tg}\beta_1 + Z_1} \quad 58)$$

selbsttätig aufrechterhalten.

3. Die Verbindung des Schlittens A_1 mit dem Schlitten A ist so zu wählen, daß die Gleichung

$$\frac{y_1}{\frac{f}{\cos\beta_1}} = \frac{Y_1 - e'\sin\beta_1\cos\beta_1}{e'} = \frac{Y_1\cos^2\beta_1 - Z_1\sin\beta_1\cos\beta_1}{Y_1\operatorname{tg}\beta_1 + Z_1} \quad 59)$$

(vgl. Gleichung 48) selbsttätig aufrechterhalten wird.

Zu dem Zwecke kann das Hebelsystem e_1, e_2; e_4; e_5, e_6 beibehalten werden, nur muß die in die Tiefenrichtung fallende Komponente des Abstandes des Mitnehmers Q_1 von der Drehachse Q_0 den Wert $e' = Y_1\operatorname{tg}\beta_1 + Z_1$, und die in die Breitenrichtung fallende Komponente des Abstandes des Mitnehmers Q von der Drehachse Q_0' den Wert $\frac{f}{\cos^2\beta_1}$ annehmen. Dabei muß die Kupplung des Hebelsystems mit dem Stereokomparator derart getroffen werden, daß, wenn das Hebelsystem sich in seiner Nullstellung befindet, in der der Doppelhebel e_1, e_3 parallel der Tiefenrichtung und der Arm e_6 des Winkelhebels e_5, e_6 parallel der Breitenrichtung ist, das Mikroskop auf einen Bildpunkt mit der Ordinate $y_1 = -f \operatorname{tg} \beta_1$ eingestellt ist. Für große Winkel β_1 wird jene Komponente $\frac{f}{\cos^2 \beta_1}$, also auch die Exzentrität des Angriffes verhältnismäßig groß.

Dieser Nachteil kann durch eine Verbindung des Schlittens A_1 mit dem Schlitten A vermieden werden, die so beschaffen ist, daß die durch Umformung der Gleichung 59 sich ergebende Gleichung

$$\frac{y_1}{f} = \frac{\frac{Y_1}{\cos \beta_1} - e' \sin \beta_1}{e' \cos \beta_1} = \frac{Y_1 \cos \beta_1 - Z_1 \sin \beta_1}{Y_1 \sin \beta_1 + Z_1 \cos \beta_1} \tag{59a}$$

selbsttätig aufrechterhalten wird. Diese Gleichung stimmt mit der Gleichung IIf überein, die der Verbindung des Schlittens A_1 mit dem Schlitten A bei der durch Fig. 15 (Tafel V) dargestellten Ausführungsform E zugrunde liegt. Die Verbindung kann also genau wie bei dieser Ausführungsform getroffen werden. Nur ist zu berücksichtigen, daß das Kreuzschlittensystem A_1, B_1, C_1 jetzt jeweils noch um den Betrag $\Delta e = Y_1 \operatorname{tg} \beta_1$ in der Tiefenrichtung verschoben ist. Um denselben Betrag muß also der Mitnehmer Q_1 in der Tiefenrichtung zurückverschoben werden, welche Verschiebung ihm zweckmäßig beim Verschieben des Schlittens A_1 um Y_1 selbsttätig erteilt wird.

4. Die in die Tiefenrichtung fallende Komponente des Abstandes des Mitnehmers P von der Drehachse P_0 muß den Wert $\frac{f}{\cos \beta_2}$ annehmen.

5. Der Mitnehmer P_1 ist vor dem Aufzeichnen jeder einzelnen Höhenschichtenlinie so gegenüber dem Schlitten B_1 einzustellen, daß sein Abstand von seiner Nullstellung gleich der zu der betreffenden Höhenschichtenlinie gehörenden Ersatzstandlinie b'' ist, wobei diese Ersatzstandlinie mit der Breitenrichtung den Winkel α_I'' einschließen muß. Dabei ist jene Nullstellung durch die Schnittlinie zweier lotrechten Ebenen bestimmt, deren eine parallel der Verbindungslinie $O_0 O_1$ und deren andere parallel der Verbindungslinie $O_0 P_0$ ist. Die Einstellung kann auf dreierlei Weise erfolgen.

a) Der Mitnehmer P_1 sitzt auf einem Längsschlitten, der auf einem auf dem Schlitten B_1 angeordneten Drehschlitten verschieblich ist. In diesem Falle gelangt der Mitnehmer dadurch in seine richtige Lage, daß erstens der Drehschlitten so eingestellt wird, daß die Verschiebungsrichtung des Längsschlittens mit der Breitenrichtung den Winkel α_I'' einschließt, und daß zweitens der Längsschlitten um den im Kopiermaßstab gemessenen Wert b'' aus seiner Nullstellung verschoben wird. Beide Einstellungen sind vor dem Aufzeichnen jeder einzelnen Höhenschichtlinie vorzunehmen. Beim Kopieren wird dann, wenn die Arme h_1 und h_2 wie bei der Ausführungsform C um den Winkel γ gegeneinander geneigt eingestellt werden, die Gleichung erfüllt

$$\frac{x_2}{\frac{f}{\cos \beta_2}} = \frac{(X_1 + b'' \cos \alpha_I'') \cos \gamma - (e' + b'' \sin \alpha_I'') \sin \gamma}{(X_1 + b'' \cos \alpha_I'') \sin \gamma + (e' + b'' \sin \alpha_I'') \cos \gamma}. \tag{60}$$

Die beschriebene Einstellung des Mitnehmers P_1 ist unzweckmäßig, da sowohl der Winkel α_I'' als auch die Länge b'' nur durch langwierige Rechnung zu ermitteln ist, wobei diese Rechnung für jede einzelne Höhenschichtenlinie vorzunehmen ist.

b) Das unter a erwähnte Schlittensystem ruht auf einem auf dem Schlitten B_1 angeordneten, gegenüber diesem Schlitten in der Breitenrichtung verschieblichen Schlitten (i_1 in Fig. 12, Tafel III). In diesem Falle gelangt der Mitnehmer P_1 dadurch in seine richtige Lage, daß erstens der in der Breitenrichtung verschiebliche Schlitten (i_1) um den im Kopiermaßstab gemessenen Wert A_{II_0}''' aus seiner Nullstellung verschoben wird, daß zweitens der Drehschlitten so eingestellt wird, daß die Verschiebungsrichtung des den Mitnehmer tragenden Längsschlittens mit der Breitenrichtung den Winkel α_{II}''' einschließt, und daß drittens dieser Längsschlitten um den im Kopiermaßstab gemessenen Wert b''' aus seiner Nullstellung verschoben wird. Die ersten beiden Einstellungen sind für ein und dasselbe Bildplattenpaar nur einmal vorzunehmen, die dritte Einstellung dagegen hat vor dem Aufzeichnen jeder einzelnen Höhenschichtenlinie zu erfolgen. Beim Kopieren wird dann, wenn die Arme h_1 und h_2 um den Winkel γ gegeneinander geneigt eingestellt werden, die Gleichung erfüllt

$$\frac{x_2}{\dfrac{f}{\cos\beta_2}} = \frac{(X_1 + b'''\cos\alpha_{II}''' + A_{II_0}''')\cos\gamma - (e' + b'''\sin\alpha_{II}''')\sin\gamma}{(X_1 + b'''\cos\alpha_{II}''' + A_{II_0}''')\sin\gamma + (e' + b'''\sin\alpha_{II}''')\cos\gamma} \qquad 60\,a)$$

So einfach diese Einstellung des Mitnehmers P_1 erscheint, brauchbar ist sie nicht, und zwar aus folgendem Grunde. Aus der Gleichung 56 folgt, daß A_{II_0}''' wächst, wenn $\operatorname{tg}\beta_2\cos\gamma - \operatorname{tg}\beta_1$ abnimmt. Wird $\operatorname{tg}\beta_2\cos\gamma = \operatorname{tg}\beta_1$, was bei ungefähr gleichen Winkeln β_1 und β_2 und bei kleinem Winkel γ häufig ganz oder nahezu eintreten kann, so wird A_{II_0}''' sogar ∞. Konstruktiv ist daher die Einstellung nicht zu verwirklichen.

c) Das unter a erwähnte Schlittensystem ruht auf dem Kreuzschlittensystem i_1, i_5 der Fig. 12 (Tafel III). In diesem Falle gelangt der Mitnehmer P_1 dadurch in seine richtige Lage, daß erstens der Schlitten i_1 um den im Kopiermaßstab gemessenen Wert A_{II_0}'', und daß zweitens der Schlitten i_5 um den im Kopiermaßstab gemessenen Wert B_{II_0}'' aus der Nullstellung verschoben wird, daß drittens der Drehschlitten so eingestellt wird, daß die Verschiebungsrichtung des den Mitnehmer tragenden Längsschlittens mit der Breitenrichtung den Winkel α_{II}''' einschließt, und daß viertens dieser Längsschlitten um den im Kopiermaßstab gemessenen Wert $\Delta b'''$ aus seiner Nullstellung verschoben wird. Die ersten drei Einstellungen sind für ein und dasselbe Bildplattenpaar nur einmal vorzunehmen. Die vierte Einstellung dagegen hat vor dem Aufzeichnen jeder einzelnen Höhenschichtenlinie zu erfolgen. Nach der Gleichung 57 hat $\Delta b'''$ den Wert $Y_1\sqrt{\operatorname{tg}^2\beta_1 + \operatorname{tg}^2\beta_2 - 2\operatorname{tg}\beta_1\operatorname{tg}\beta_2\cos\gamma}$. Der Wurzelwert ist für ein und dasselbe Bildplattenpaar unveränderlich, so daß $\Delta b'''$ nur mit Y_1 veränderlich und daher in jedem einzelnen Falle leicht zu berechnen ist. Beim Kopieren wird dann, wenn die Arme h_1 und h_2 um den Winkel γ gegeneinander geneigt eingestellt werden, die Gleichung erfüllt

$$\frac{x_2}{\dfrac{f}{\cos\beta_2}} = \frac{(X_1 + \Delta b'''\cos\alpha_{II}''' + A_{II_0}'')\cos\gamma - (e' + \Delta b'''\sin\alpha_{II}''' + B_{II_0}'')\sin\gamma}{(X_1 + \Delta b'''\cos\alpha_{II}''' + A_{II_0}'')\sin\gamma + (e' + \Delta b'''\sin\alpha_{II}''' + B_{II_0}'')\cos\gamma}. \qquad 60\,b)$$

Daraus folgt mit den Gleichungen 51 und 57, und ferner mit den sich aus der Gleichung 55 ergebenden Gleichungen

$$\sin \alpha_{II}''' = \frac{\operatorname{tg} \beta_2 \cos \gamma - \operatorname{tg} \beta_1}{\sqrt{\operatorname{tg}^2 \beta_1 + \operatorname{tg}^2 \beta_2 - 2 \operatorname{tg} \beta_1 \operatorname{tg} \beta_2 \cos \gamma}}$$

$$\cos \alpha_{II}''' = \frac{\operatorname{tg} \beta_2 \sin \gamma}{\sqrt{\operatorname{tg}^2 \beta_1 + \operatorname{tg}^2 \beta_2 - 2 \operatorname{tg} \beta_1 \operatorname{tg} \beta_2 \cos \gamma}}$$

und mit der Gleichung

$$e' = Y_1 \operatorname{tg} \beta_1 + Z_1$$

$$\frac{x_2}{\dfrac{f}{\cos \beta_2}} = \frac{X_1 \cos \gamma - Z_1 \sin \gamma + b \cos \varepsilon \cos (\alpha + \gamma)}{X_1 \sin \gamma + Y_1 \operatorname{tg} \beta_2 + Z_1 \cos \gamma + b (\cos \varepsilon \sin (\alpha + \gamma) - \operatorname{tg} \beta_2 \sin \varepsilon)} \,. \quad 60\text{c})$$

Eine entsprechend den unter 1 bis 5 beschriebenen Änderungen gewählte Ausführungsform des Stereoautographen ist, wie die Ausführungsform E (siehe Fig. 15, Tafel V) nur zum Aufzeichnen von Höhenschichtenlinien verwendbar. Dabei gibt der Zeichenstift z_1 auf dem Zeichenbrett z_2 jede Höhenschichtenlinie richtig in sich und in bezug auf die schräge Projektion I'' (siehe Fig. 35) des linken Objektivs auf die der betreffenden Höhenschichtenlinie entsprechende Horizontalebene wieder, also jeden Punkt in der Entfernung $e' = Y_1 \operatorname{tg} \beta_1 + Z_1$. Die Entfernung jedes Punktes in bezug auf die Horizontalprojektion I' des linken Objektivs ist aber nur $e = e' - \Delta e = e' - Y_1 \operatorname{tg} \beta_1 = Z_1$. Um also die Höhenschichtenlinien in ihrer richtigen Lage zueinander zu erhalten, muß

6. beim Übergang von einer Höhenschichtenlinie zur anderen der Zeichenstift gegenüber dem Zeichenbrett in der Tiefenrichtung eine Verschiebung um $e' - e = Y_1 \operatorname{tg} \beta_1$ erfahren. Es empfiehlt sich, diese Verschiebung dem Zeichenstift zu erteilen, und zwar zweckmäßig selbsttätig bei der Einstellung des Schlittens A_1 entsprechend Y_1.

Die Gleichungen 58, 59 bzw. 59a und 60c lassen sich durch eine einfache Umrechnung auf die entsprechenden Hauptgleichungen I bis III für den Fall beliebig gerichteter Achsen zurückführen, ein Beweis dafür, daß die v. Grubersche Untersuchung richtig ist.

c) Ausführungsform L.

Die durch Fig. 37 (Tafel XI) veranschaulichte Ausführungsform L des Stereoautographen ist unter Berücksichtigung der Änderungsvorschläge gegenüber der Ausführungsform C entworfen. Dabei liegt für den Stereokomparator der Sonderfall zugrunde, daß der Schlitten A das Mikroskop M trägt. Ihrem Aufbau nach hat die Ausführungsform L Ähnlichkeit mit der durch Fig. 15 (Tafel V) dargestellten Ausführungsform E. Daher sollen nur die gegenüber dieser Ausführungsform erforderlichen Änderungen beschrieben werden.

Der Schlitten m_1 der Fig. 15 fällt weg, der Mitnehmer O_1 sitzt unmittelbar auf dem Schlitten B_1. Der Mitnehmer P_1 ist nicht mehr unmittelbar auf dem Schlitten i_5 angeordnet, sondern, wie bei der Ausführungsform F (Fig. 18, Tafel VI), auf einem Schlitten i_9, der längs einer Geradführung i_{10} eines Drehschlittens i_{11} verschieblich angeordnet ist. In der Nullstellung des Schlittens i_9 liegt der Mitnehmer P_1 in der Achse dieses Drehschlittens. Verschiebungen des Schlittens i_9 aus seiner Nullstellung werden durch seinen Zeiger i_{12} an einer Skala i_{17} der einen Führungsleiste angezeigt. Durch eine Klemmschraube i_{18} kann der Schlitten i_9 auf dem Drehschlitten i_{11} festgestellt werden. Der Drehschlitten ist auf dem Schlitten i_5 drehbar gelagert und kann durch eine Klemmschraube i_{14} auf diesem Schlitten festgestellt werden. Ein Zeiger i_{15} des Drehschlittens zeigt an einer im Uhrzeigersinn zunehmenden Grad-

Tafel XI.

Ausführungsform I.

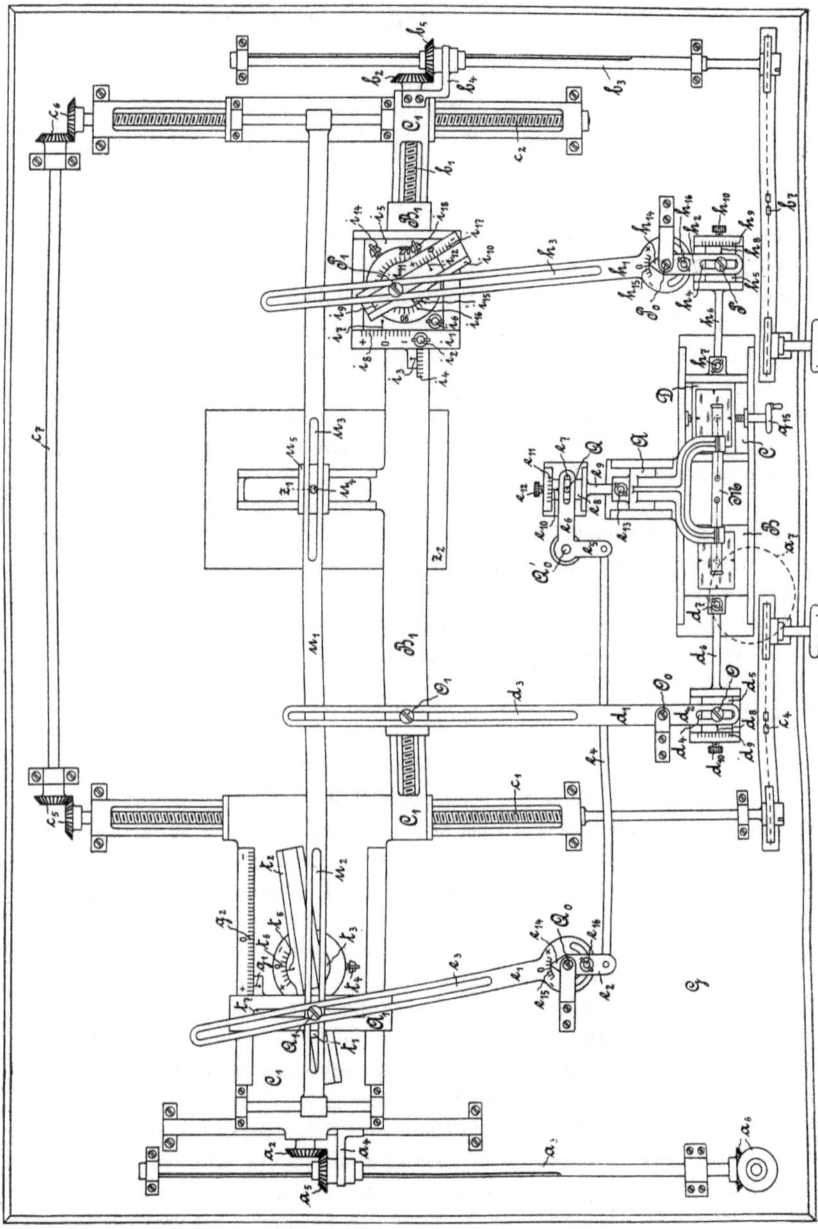

Fig. 37.

teilung i_{16} des Schlittens i_5 jeweils denjenigen Winkel an, um den der Drehschlitten aus seiner Nullstellung verdreht ist, die er dann einnimmt, wenn die Verschiebungsrichtung des Schlittens i_9 parallel der Breitenrichtung ist. Dabei ist der Richtungssinn der Skala i_{17} so gewählt, daß, wenn der Drehschlitten i_{11} sich in seiner Nullstellung befindet, und wenn der Schlitten i_9 aus seiner Nullstellung nach dem Mitnehmer O_1 zu verschoben wird, an der Skala i_{17} durch den Zeiger i_{12} ein positiver Wert angezeigt wird.

Der Mitnehmer Q_1 sitzt nicht mehr auf dem Schlitten A_1, sondern auf einem Schlitten t_1, der längs einer Geradführung t_2 eines Drehschlittens t_3 verschieblich ist. Dieser Drehschlitten ist auf dem Schlitten C_1 drehbar so gelagert, daß seine Drehachse mit Drehachse Q_0 in einer die Tiefenrichtung enthaltenden Lotebene liegt, und daß dabei der Abstand seiner Drehachse von der Drehachse Q_0 gleich der in die Tiefenrichtung fallende Komponente des Abstandes des Mitnehmers O_1 von der Drehachse O_0 ist. Durch eine Klemmschraube t_4 kann der Drehschlitten auf dem Schlitten C_1 festgestellt werden. Ein Zeiger t_5 des Drehschlittens zeigt an einer entgegen dem Uhrzeigersinn zunehmenden Gradteilung t_6 des Schlittens C_1 jeweils denjenigen Winkel an, um den der Drehschlitten aus seiner Nullstellung verdreht ist, die er dann einnimmt, wenn die Verschiebungsrichtung des Schlittens t_1 in die Breitenrichtung fällt Damit der Mitnehmer Q_1 beim Verschieben des Schlittens A_1 in der Breitenrichtung, wie erforderlich, eine Verschiebung in der Tiefenrichtung erfährt, die gleich dem Produkt aus der Verschiebung des Schlittens A_1 und aus der Tangente des Neigungswinkels der Geradführung t_2 gegen die Breitenrichtung ist, ist er in einem der Tiefenrichtung parallelen Schlitz t_7 des Schlittens A_1 geradegeführt. Dieser Schlitz hat eine solche Lage, daß, wenn der Mitnehmer Q_1 mit der Achse des Drehschlittens t_3 zusammenfällt, an der Skala g_2 des Schlittens C_1 durch den Zeiger g_1 des Schlittens A_1 der Wert Null angezeigt wird.

Damit, wie erforderlich, der Zeichenstift z_1 beim Verschieben des Schlittens A_1 in der Breitenrichtung die gleiche Verschiebung in der Tiefenrichtung erfährt wie der Mitnehmer Q_1, ist die folgende Kupplung des Zeichenstiftes mit dem Mitnehmer vorgesehen. Auf dem Schlitten C_1 ist ein in der Tiefenrichtung verschieblicher Schlitten u_1 angeordnet, der zwei der Breitenrichtung parallele Schlitze u_2 und u_3 enthält. In den einen Schlitz, u_2, greift der Mitnehmer Q_1 ein, in den anderen Schlitz, u_3, ein Zapfen u_4 eines auf dem Schlitten B_1 in der Tiefenrichtung verschieblich angeordneten Schlittens u_5, an dem der Zeichenstift befestigt ist. In der Zeichnung ist der Zeichenstift nicht sichtbar. Er ist lotrecht unter dem Zapfen u_4 befindlich zu denken.

Damit die Gleichungen 58, 59a und 60b (bzw. 60c) beim Kopieren selbsttätig aufrechterhalten werden, ist die folgende Einstellung der Schlitten d_5, e_8, h_5, i_1 und i_5, der Drehschlitten i_{11} und t_3 und der Doppelhebel e_1, e_2 und h_1, h_2 erforderlich. An de Skala d_9 muß der Wert $\frac{f}{\cos\beta_1}$, an der Skala e_{11} der Wert f, an der Skala h_9 der Wert $\frac{f}{\cos\beta_2}$, an der Skala i_4 der Wert A_{II_0}'' und an der Skala i_8 der Wert B_{II_0}'' angezeigt werden, die beiden letzten Werte im Kopiermaßstab gemessen. An der Gradteilung i_{16} muß der Winkel α_{II}''', an den Gradteilungen t_6 und e_{15} der Winkel β_1 und an der Gradteilung h_{15} der Winkel γ angezeigt werden. Der Schlitten i_9 ist so einzustellen, daß an der Skala i_{17} der im Kopiermaßstab gemessene Wert $\Delta b'''$ angezeigt wird.

wobei der Berechnung von $\Delta b'''$ jeweils der an der Skala g_2 angezeigte Wert Y_1 zugrunde zu legen ist.

In Fig. 37 (Tafel XI) sind wie in Fig. 15 (Tafel V) im Stereokomparator die Marken des Mikroskops M auf die Bilder des Schnittpunktes der linken Objektivachse mit der die rechte Objektivachse enthaltenden Lotebene eingestellt. Bei dieser Einstellung müssen sich die Doppelhebel d_1, d_2 und h_1, h_2 sowie das Hebelsystem e_1, e_2; e_4; e_5, e_6 in ihrer Nullstellung befinden, die mit der Nullstellung der Hebel in Fig. 15 übereinstimmt. Dabei zeigt der Zeiger g_1 des Schlittens A_1 an der Skala g_2 den Wert

$$Z_1 \operatorname{tg} \beta_1 = \frac{b \operatorname{tg} \beta_1 \cos \varepsilon \cos(\alpha + \gamma)}{\sin \gamma} \text{ an.}$$

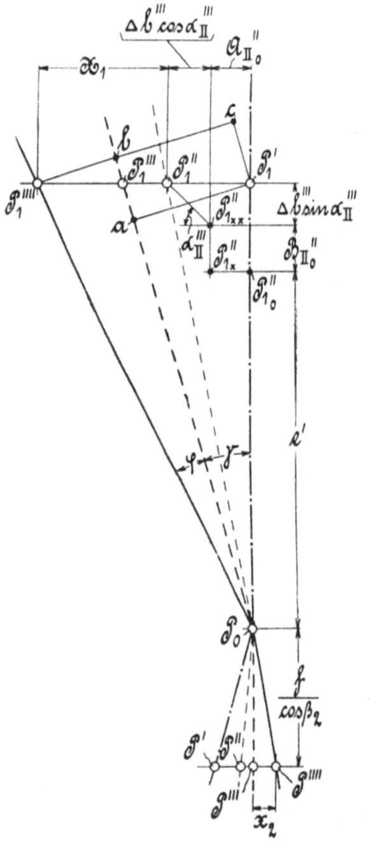

Fig. 38.

Der Beweis dafür, daß bei der beschriebenen Einstellung die Gleichung 58 erfüllt wird, läßt sich aus der Figur ohne weiteres herleiten, wenn man für die in die Tiefenrichtung fallende Komponente des Abstandes $O_0\,O_1$ den ihr zukommenden Wert $e' = Y_1 \operatorname{tg} \beta_1 + Z_1$, und wenn man für die entsprechende Komponente des Abstandes $O_0\,O$ den Wert $\dfrac{f}{\cos \beta_1}$ einsetzt.

Der Beweis dafür, daß bei der beschriebenen Einstellung der Schlitten und Hebel die Gleichung 59a richtig erfüllt wird, kann genau wie bei der Beschreibung der Ausführungsform E geliefert werden (vgl. Fig. 16), da ja der Angriff des Hebelarmes e_1 an dem Kreuzschlittensystem A_1, B_1, C_1, der allein eine Änderung erfahren hat, so getroffen ist, daß der Mitnehmer Q_1 jeweils eine solche Einstellung erfährt, daß die in die Breitenrichtung fallende Komponente seines Abstandes von der Drehachse Q_0 den Wert Y_1, und die in die Tiefenrichtung fallende Komponente dieses Abstandes den Wert $e' - Y_1 \operatorname{tg} \beta_1 = Z_1$ annimmt, genau wie bei der Ausführungsform E.

Der Beweis dafür, daß bei der beschriebenen Einstellung der Schlitten und Hebel die Gleichung 60b richtig erfüllt wird, folgt aus Fig. 38. Darin ist der Doppelhebel h_1, h_2 in vier Stellungen gezeichnet, deren jeder eine Einstellung des Apparates für einen Objektpunkt mit den von Null abweichenden Koordinaten Y_1 und Z_1 zugrunde liegt. Die durch strichpunktierte Linien angedeutete Stellung entspricht der Einstellung eines Objektpunktes mit der Koordinate $X_1 = -(\Delta b''' \cos a_{II}''' + A_{II_0}'')$. Die durch schwach gestrichelte Linien angedeutete Stellung entspricht der Einstellung eines Objektpunktes mit der Koordinate $X_1 = 0$. Bei dieser Stellung ist angedeutet, wie der Mitnehmer P_1 aus seiner Nullstellung P_{1_0}'' durch Verschieben des Schlittens i_1 aus seiner Nullstellung um A_{II_0}'' nach P_{1x}'', wie er ferner durch Verschieben des Schlittens i_5 aus seiner Nullstellung um B_{II_0}'' von P_{1x}'' nach P_{1xx}'', und wie er endlich durch Drehen des Drehschlittens i_{11} aus seiner Nullstellung um α_{II}''' und durch Verschieben des Schlittens i_9 aus seiner Nullstellung um $\varDelta b'''$ von P_{1xx}'' in seine richtige Lage P_1'' gelangt. Die durch stark gestrichelte Linien angedeutete Stellung ist die Nullstellung des Doppelhebels, die der Einstellung eines Objektpunktes entspricht, zu dem die Plattenkoordinate $x_2 = 0$ gehört. Die durch ausgezogene Linien angedeutete Stellung entspricht der Einstellung eines Objektpunktes mit der von Null abweichenden Koordinate X_1 und der zugehörigen Plattenkoordinate x_2. Mit den eingeschriebenen Bezeichnungen folgt dann aus der Figur, wenn man noch von P_1' und P_1'''' Lote auf $P_0 P_1'''$ fällt, und wenn man ferner durch P_1' zu $P_0 P_1'''$ eine Parallele zieht:

$$\operatorname{tg}\varphi = \frac{x_2}{\dfrac{f}{\cos\beta_2}} = \frac{\overline{P_1''''b}}{\overline{P_0 b}}$$

$$= \frac{\overline{P_1''''c} - \overline{bc}}{\overline{P_0 a} + \overline{ab}} = \frac{\overline{P_1''''c} - \overline{P_1'a}}{\overline{P_0 a} + \overline{P_1'c}}$$

$$= \frac{(X_1 + \varDelta b''' \cos\alpha_{II}''' + A_{II_0}'')\cos\gamma - (e' + B_{II_0}'' + \varDelta b''' \sin\alpha_{II}''')\sin\gamma}{(e' + B_{II_0}'' + \varDelta b''' \sin\alpha_{II}''')\cos\gamma + (X_1 + \varDelta b''' \cos\alpha_{II}''' + A_{II_0}'')\sin\gamma},$$

was zu beweisen war.

Denkt man sich in Fig. 37 (Tafel XI) sämtliche Klemmschrauben angezogen, so kann durch Betätigen der Handräder b_6, c_3 und q_{15} die der Koordinate $Y_1 = Z_1 \operatorname{tg}\beta_1$ entsprechende Höhenschichtenlinie aufgezeichnet werden. Um eine andere, z. B. die einer Koordinate Y_1' entsprechende Höhenschichtenlinie aufzeichnen zu können, ist durch Drehen der Fußscheibe a_7 der Schlitten A_1 so einzustellen, daß sein Zeiger g_1 an der Skala g_2 den im Kopiermaßstab gemessenen Wert Y_1' anzeigt, und ist weiter, nach Lösen der Klemmschraube i_{18}, der Schlitten i_9 so einzustellen, daß an der Skala i_{17} der gemäß dieser Koordinate Y_1' zu berechnende Wert $\varDelta b'''$ angezeigt wird, worauf nach Anziehen der Klemmschraube der Apparat gebrauchsfertig zum Aufzeichnen dieser anderen Höhenschichtenlinie ist.

Vergleicht man die Ausführung L nach v. Gruber mit der vom Verfasser angegebenen Ausführungsform E, die ihr in bezug auf Leistungsfähigkeit gleichsteht — beide Ausführungsformen sind nur zum Aufzeichnen von Höhenschichtenlinien verwendbar — so scheint der Aufbau der Ausführungsform E einfacher zu sein. Dafür ist bei der Ausführungsform L die Bedienung einfacher, wenn der Apparat für eine andere Höhenschichtenlinie eingestellt werden soll. Es ist nämlich nur eine Einstellung zu ändern, während bei der Ausführungsform E die Änderung von drei Einstellungen erforderlich ist. Diese drei Einstellungen lassen sich übrigens auf zwei herabsetzen, wenn der Mitnehmer P_1 auf einem ebensolchen viergliedrigen Schlittensystem angeordnet wird, wie bei der Ausführungsform L, wie ja auch bei der Ausführungsform F angenommen ist. Während jedoch die Ausführungsform E, wie die Ausführungsform F zeigt, weiter so entwickelt werden konnte, daß die zum Zweck des Überganges von einer Höhenschichtenlinie zur anderen vorzunehmenden Einstellungen selbsttätig bewirkt werden, ist eine solche Weiterentwicklung der Ausführungsform L nach v. Gruber durch Hinzufügen einer ähnlich einfachen Kupplung des Mitnehmers P_1 mit dem Schlitten A_1 nicht möglich. Der Winkel α_{II}''', dem gemäß der Drehschlitten i_{11} einzustellen ist, kann sich nämlich, wie aus der Gleichung 55 ersichtlich ist, für zugelassene Werte von β_1 und β_2 zwischen $+30^0$ und -30^0 und von γ zwischen $+20^0$ und -20^0, zwischen den Grenzen $+90^0$ und -90^0 bewegen, so daß der Fall eintreten müßte, in dem infolge von Selbsthemmung die Schlitten festsitzen.

Schlußbemerkungen.

Soweit es sich überblicken läßt, ist durch die vorliegende Arbeit die gestellte Aufgabe, die Grundlagen für die Konstruktion eines Stereoautographen zur Verfügung zu stellen, der zum Auswerten von Aufnahmen mit beliebiger Lage der Objektivachsen geeignet ist, restlos gelöst. Welche der vorgeschlagenen Ausführungsformen sich für die Konstruktion am besten eignen wird, bleibt einstweilen eine offene Frage, deren Beantwortung eingehenden Untersuchungen vorbehalten bleiben muß. Größtes Gewicht wird dabei der Tatsache beigelegt werden müssen, daß das Hinzutreten jedes neuen Konstruktionselementes zu dem in der Praxis bewährten Modell des Stereoautographen neue Fehlerquellen aufbringt. Eine Konstruktion, die das Minimum an neuen Schlittenführungen und Hebeln erfordert, wird also im allgemeinen die meiste Aussicht haben. Weiter wird der bewährten Übertragung von Präzisionsbewegungen durch Hebel derjenigen durch Radgetriebe der Vorzug zu geben sein, da diese Hebelübertragung ein Minimum von totem Gang gewährleistet. Eingehende Untersuchungen darüber, welche Zeichengenauigkeit sich erreichen läßt, werden sich erst anstellen lassen, wenn die fertige Konstruktionszeichnung vorliegt. Die der Arbeit beigegebenen schematischen Zeichnungen, bei denen zur Veranschaulichung die Größenverhältnisse einzelner Konstruktionsglieder ganz wesentlich übertrieben sind, bieten keinen genügenden Anhalt dafür. Es ist aber zu erwarten, daß die erreichbare Zeichengenauigkeit noch weit innerhalb der Fehlergrenzen bleiben wird, die durch Dehnungen des Zeichenpapiers bedingt sind und die etwa ± 1 mm betragen. Bisher pflegte das Zeißwerk keinen Stereoautographen hinausgehen zu lassen, bei dem nicht mindestens bei einem Verhältnis von $\frac{b \cos \varepsilon}{Z_1} = \frac{1}{70}$ (d. i. das Verhältnis der Verschiebung des Mitnehmers P_1 aus seiner Nullstellung zu der in die Tiefenrichtung fallenden Komponente des Abstandes dieses Mitnehmers von der Drehachse P_0) eine Zeichengenauigkeit von $\pm 0{,}4$ mm gewährleistet war. Tatsächlich wird beim Auswerten dieses Verhältnis etwa zwischen $^1/_{10}$ und $^1/_{20}$ angenommen. Rechnet man — ungünstig — mit $\frac{2}{35}$, so ist also der dem Quadrate der Entfernung proportionale Fehler der Zeichengenauigkeit nur $0{,}4 \left(\frac{1}{70} : \frac{2}{35}\right)^2 = 0{,}025$ mm. Die oben ausgesprochene Erwartung dürfte also berechtigt sein. Prüfungen des Stereoautographen auf seine Genauigkeit sind auch auf folgendem Wege vorgenommen worden. Man hat ein Netz genau bestimmter trigonometrischer Punkte aufgenommen, diese Punkte auf einem Zeichenblatt durch Nadelstiche genau markiert und alsdann mittels des Stereoautographen kontrolliert. Es hat sich dabei stets absolute Übereinstimmung ergeben.[1])

---

[1]) Über die Leistungsfähigkeit des Stereoautographen, von der bereits in der Einleitung die Rede war, und über die Leistungsfähigkeit des stereophotogrammetrischen Verfahrens überhaupt siehe: v. Orel, „Über die Anwendung des stereoautographischen Verfahrens für Mappierungszwecke“, M. d. k. u. k. M. I. **31.** und auch Korzer, „Die Stereoautogrammetrie im Dienste der Landesaufnahme“, M. d. k. u. k. M. I. **33.**

Sicher ist anzunehmen, daß das Justieren der neuen Ausführungsformen infolge der vermehrten Zeigereinstellungen erheblich mehr Zeitaufwand erfordern wird, als bisher. Genaueres läßt sich darüber noch nicht sagen.[1]) Wesentlich wird sein, daß bei der Aufnahme die Neigungswinkel β_1 und β_2 der Objektivachsen gegen die Horizontalebene genau bestimmt werden. Für die Aufnahme von Luftfahrzeugen aus sind exakte Methoden der Bestimmung der Aufnahmestandorte und der Winkel α, β_1, β_2, γ, ε überhaupt erst noch anzugeben. Unter der Voraussetzung, daß sämtliche Aufnahmedaten genau festliegen, ist nach beendigter Justierung die Schnelligkeit der Punktauftragung oder der Auftragung beliebiger Linien der Objektoberfläche bei allen vorgeschlagenen Ausführungsformen als gleich zu erachten. Bei den Ausführungsformen *E* und *L* bleibt natürlich der Nachteil bestehen, daß sie nur zum Auftragen von Höhenschichtenlinien verwendbar sind und daß für jede neue Höhenschichtenlinie eine Neueinstellung von Schlitten erforderlich ist. Diese beiden Ausführungsformen dürften also für die Konstruktion kaum in Frage kommen.

Verzeichnis der benutzten Schriften.

Abkürzungen:

I. A. f. Ph. = Internationales Archiv für Photogrammetrie. M. d. k. u. k. M. I. = Mitteilungen des k. u. k. Militärgeographischen Institutes.

1. Brückner, E., „Oberleutnant Ed. Ritter von Orels Stereoautograph als Mittel zur automatischen Herstellung von Schichtenplänen und Karten", Mitteilungen der k. und k. Geographischen Gesellschaft in Wien. 1911. Heft 4.

2. Deville, E., „On the Use of Wheatstone Stereoscope in Photographing Surveying". Transactions of the Royal Society of Canada. 1902/03. S. 63.

3. Doležal, E., „Der Stereoautograph des k. u. k. Hauptmannes Eduard Ritter von Orel" I. A. f. Ph. **3.** 1912. S. 38.

4. Doležal, E., „Instrumentelle Neuerungen. VI. Stereoplotter des englischen Leutnants V. Thompson". I. A. f. Ph. **3.** 1912. S. 130.

5. Fuchs, K., „Bemerkungen zum Orelschen Stereoautographen". I. A. f. Ph. **3.** 1912. S. 184.

6. Günther, L., „Die Photogrammetrie im Dienste der Technik", Sitzungsberichte des Vereins zur Beförderung des Gewerbfleißes. Berlin. Jahrgang 1913. S. 95.

7. v. Hübl, A., „Die stereophotogrammetrische Terrainaufnahme". M. d. k. u. k. M. I. Wien. **23.** 1904.

8. v. Hübl, A., „Beiträge zur Stereophotogrammetrie". M. d. k. u. k. M. I. Wien. **24.** 1905

9. Kammerer, G., „Th. Scheimpflugs Landvermessung aus der Luft". I. A. f. Ph. **3.** 1912. S. 196.

10. Korzer, K., „Die Stereo-Autogrammetrie im Dienste der Landesaufnahme". M. d. k. u. k. M. I. Wien. **33.** 1914. Ref. I. A. f. Ph. **5.** 1915. S. 71.

11. Lüscher, H., „Der Stereoautograph, Modell 1914, seine Berichtigung und Anwendung". Zeitschrift für Instrumentenkunde. **39.** 1919. S. 2.

12. v. Mühlkampf, A., „Oberleutnant v. Orels Stereoautograph". Mitteilungen über Gegenstände des Artillerie- und Geniewesens. Wien. 1911. Heft 5.

13. v. Orel, E., „Autostereograph". I. A. f. Ph. **1.** 1908. S. 135.

14. v. Orel, E., „Der Stereoautograph als Mittel zur automatischen Verwertung von Komparatordaten". M. d. k. u. k. M. I. Wien. **30.** 1911.

15. v. Orel, E., „Über die Anwendung des stereoautographischen Verfahrens für Mappierungszwecke". M. d. k. u. k. M. I. Wien. **31.** 1912.

---

[1]) Über die Justierung der zur Zeit im Gebrauch stehenden (der Ausführungsform *C* entsprechenden) Modelle des Stereoautographen siehe: Lüscher, „Der Stereoautograph, Modell 1914, seine Berichtigung und Anwendung", von der Technischen Hochschule zu Darmstadt genehmigte Doktordissertation (*diese Zeitschr.* ***39.*** *S. 2. 1919*).

16. v. Orel, E., „Der Stereoautograph Modell 1911". I. A. f. Ph. **4.** 1913/14. S. 161.

17. Pulfrich, C., „Über den von der Firma Carl Zeiß in Jena hergestellten stereoskopischen Entfernungsmesser", Vortrag auf der Naturforscherversammlung in München, am 19. Sept. 1899. Physikalische Zeitschrift. **1.** 1899. S. 98.

18. Pulfrich, C., „Über einen für astronomische, photogrammetrische, metronomische und andere Zwecke bestimmten stereoskopischen Komparator", Vortrag auf der Naturforscherversammlung in Hamburg, am 23. Sept. 1901; ref. Naturwissenschaftliche Rundschau. **16.** 1901. S. 589.

19. Pulfrich, C., „Über einen Versuch zur praktischen Erprobung der Stereo-Photogrammetrie für die Zwecke der Topographie". Zeitschrift für Instrumentenkunde. **23.** S. 317. 1903.

20. Pulfrich, C., „Stereoskopisches Sehen und Messen", Jena, 1911 (mit ausführlichem Schriftenverzeichnis der von 1900—1911 erschienenen Arbeiten über Stereoskopie und Stereophotogrammetrie).

21. Pulfrich, C., „Neue stereoskopische Methoden und Apparate". Berlin. 1912.

22. v. Rohr, M., „Die binokularen Instrumente", Berlin, 1907 (mit ausführlichem Schriftenverzeichnis der einschlägigen Arbeiten des 19. Jahrhunderts.)

23. Scheimpflug, Th., „Die Flugtechnik im Dienste des Vermessungswesens", Buch des Fluges von H. Hoernes. Wien. 1911. **1.** S. 604.

24. Thompson, V., „Stereo-Photo-Surveying". The Geographical Journal. London. **31.** 1908. S. 534.

25. Truck, S., „Die Bedeutung und Anwendung der Stereophotogrammetrie als Vermessungsmethode in der Ingenieurpraxis". I. A. f. Ph. **4.** 1913/14. S. 93.

26. Zaar, K., „Ein photogrammetrischer Auftragapparat". I. A. f. Ph. **4.** 1913/14. S. 200.

27. Zeiss, C., „Vorrichtung zum Kopieren der aus einem Photostereogramm zu entnehmenden Oberfläche eines räumlichen Gebildes . . . . ." D. R. P. 262 499, vom 20. Dezember 1910; D. R. P. 281 369, vom 25. Dezember 1913; D. R. P. 301 269, vom 24. Juni 1916; D. R. P. 301 289, vom 26. Mai 1914; D. R. P. 312973, vom 7. Juli 1914; D. R. P. 313 261, vom 9. Juli 1919.

Lebenslauf.

Der Verfasser der vorliegenden Arbeit wurde am 9. September 1886 in Leipzig-Plagwitz geboren. Ostern 1903 erlangte er das Reifezeugnis der 1. städtischen Realschule in Leipzig, worauf er ein Jahr als Volontär bei der Maschinenbau-Aktiengesellschaft vorm. Ph. Swiderski in Leipzig-Plagwitz praktisch arbeitete. Alsdann besuchte er die Kgl. Gewerbe-Akademie in Chemnitz, die er Michaelis 1907 mit dem Reifezeugnis als Maschinen-Ingenieur verließ. Darauf studierte er an der Kgl. Technischen Hochschule zu Stuttgart, die er Michaelis 1908 mit der Kgl. Technischen Hochschule zu Hannover vertauschte, an der er im Oktober 1909 die Diplom-Vorprüfung und im Februar 1912 die Diplom-Hauptprüfung ablegte. Vom 1. März 1912 ab ist er bei der Firma Carl Zeiss in Jena als wissenschaftlicher Mitarbeiter in der Patentabteilung angestellt. Diese Tätigkeit wurde während des Weltkrieges auf die Dauer vom 26. März 1915 bis 28. August 1916 durch seine Einberufung zum Heeresdienst unterbrochen.

MIX
Papier aus verantwortungsvollen Quellen
Paper from responsible sources
FSC® C105338

If you have any concerns about our products,
you can contact us on
ProductSafety@springernature.com

In case Publisher is established outside the EU,
the EU authorized representative is:
Springer Nature Customer Service Center GmbH
Europaplatz 3, 69115 Heidelberg, Germany

Printed by Libri Plureos GmbH
in Hamburg, Germany